机械测绘与制图

主　编　张良华

吉林大学出版社

图书在版编目（CIP）数据

机械测绘与制图 / 张良华主编. -- 长春：吉林大学出版社，2019.12

ISBN 978-7-5692-6006-9

Ⅰ.①机… Ⅱ.①张… Ⅲ.①机械元件—测绘—高等学校—教材②机械制图—高等学校—教材 Ⅳ.①TH13②TH126

中国版本图书馆CIP数据核字(2019)第298275号

书　　名	机械测绘与制图	
	JIXIE CEHUI YU ZHITU	
作　　者	张良华 主编	
策划编辑	王蕾	
责任编辑	张文涛	
责任校对	王蕾	
装帧设计	右序设计	
出版发行	吉林大学出版社	
社　　址	长春市人民大街4059号	
邮政编码	130021	
发行电话	0431-89580028/29/21	
网　　址	http://www.jlup.com.cn	
电子邮箱	jdcbs@jlu.edu.cn	
印　　刷	杭州良诸印刷有限公司	
开　　本	787mm×1092mm　　　1/16	
印　　张	11.25	
字　　数	262千字	
版　　次	2019年12月　　第1版	
印　　次	2019年12月　　第1次	
书　　号	ISBN 978-7-5692-6006-9	
定　　价	38.00元	

《机械测绘与制图》编委

主　编　张良华

参　编　徐　斌　田颜涛　王楚梁

　　　　陈晓红　金亚平

中等职业教育机电类专业"项目制·工作式"课程建设委员会

前　言

　　根据我国经济转型发展对技能人才的要求,中等职业教育应加大教学改革力度,建立以职业活动为导向,以校企合作为基础,以综合职业能力培养为核心、理论教学与技能操作融会贯通的工学一体化课程体系,提高技能人才培养质量,加快技能人才规模化培养。

　　工学一体化课程是将理论教学和实践学习结合成一体的课程,它的核心特征是"理论学习与实践学习相结合,促进学生认知能力发展与建立职业认同感相结合,科学性与实用性相结合,符合职业能力发展规律与遵循技术、社会规范相结合,学校教学与企业实践相结合"。课程设计应紧密联系生产生活实际选择课程内容,在注重课程内容的基础性、通用性的同时,注重它的实用性;应注意从生产生活的技术内容向技术发展的延伸,使学生在掌握基础知识和基本技能的同时,有机会了解现代生产生活中技术发展的崭新成果和未来走向。课程教学应当避免机械的、单一的技能训练,强调"做中学",即学习中技能的形成、学习方法的掌握和课程知识的领悟三者之间的统一,注重在训练学生技术技能的同时,促进学生职业能力的发展。

　　为此,我们在研究和实践的基础上,在课程内容的构建中采用"项目制·工作式"体系。第一,以生活生产中的实际产品作为工作项目内容载体,以项目完成中相关知识与技能、过程与方法、情感态度与价值观等因素形成思维导图式项目内容结构;第二,以工作项目知识技能的相关性及内在逻辑进行分类和组织,形成"从简单到复杂、从单一到综合"的课程项目体系;第三,本着"做中学、学中做"的原则,建立"以学生为中心、以任务为载体、以工作为标准"的教学生态,使学习者在行动中获得知识、经验和技能。学生通过对技术工作任务的学习,实现知识与技能、过程与方法、情感态度与价值观学习的统一。

　　课程教材的编写由浙江省姚志恩中职名师工作室、浙江省何立名师网络工作室、浙江省宋涛名师网络工作室共同承担,在编写过程中得到了湖州地区机电制造企业和国内教仪企业技术人员的大力支持,在此表示衷心的感谢。

　　由于我们还处在不断探索和实践过程中,因此教材编写时难免存在缺点和疏漏,恳请广大读者批评指正。

编者

2019 年 3 月

目　录

项目一　长方体的测绘与制图

学习项目名称	长方体的测绘与制图
情境应用	平口钳钳口
基础知识点	图纸幅面与尺寸 图框格式与标题栏的画法 比例的选择 字体与图线的要求 尺寸标注的要求 投影法与正投影的基本规律 三视图的形成及投影规律 点线面的投影特性 尺寸与尺寸偏差 几何公差的概念及符号
认知技能点	机械游标卡尺的认知与使用方法 百分表的认知与使用方法 90°角尺的认知与使用方法
操作技能点	长方体工件的测绘
课程场地	"机械测绘与制图"课程教室
设计课时	18 课时

图 1-1　平行垫块

一、项目应用

平行垫块如图 1-1 所示。一台机器由若干个零件组成,每个零件都有不同的结构形状。长方体零件作为机械机构中最简单的机械零件,在机械应用上非常的广泛,如平口钳钳口,如图 1-2 所示。对长方体工件的测量和绘制是我们学习测绘和制图任务的基础必备知识。

图 1-2 平口钳

二、项目认知

1. 机械游标卡尺

(1)机械游标卡尺的功能与结构

游标卡尺是精密的长度测量仪器,常见的机械游标卡尺量程为 0～150mm,精度为 0.02mm,由内测量爪、外测量爪、紧固螺钉、推手、主尺、游标尺、深度尺组成,如图 1-3 所示。

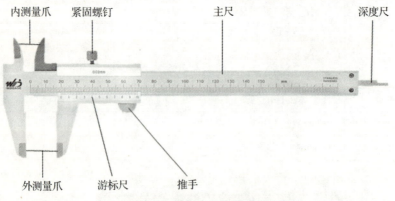

图 1-3 游标卡尺的组成

0～150mm 以下规格的卡尺可用来测量内、外尺寸(如长度、宽度、厚度、内径和外径)、孔距和深度等,在测量长方体工件时我们只测量外尺寸,如图 1-4 所示。

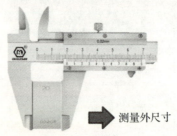

图 1-4 游标卡尺测量外尺寸

（2）游标卡尺（外尺寸）的测量方法

①将被测工件擦干净，使用时轻拿轻放；

②松开游标卡尺的紧固镙钉，先校准零位，再向后移动外测量爪，使两个外测量爪之间的距离略大于被测工件；

③一只手抓住游标卡尺的尺架，将待测工件置于两个外测量爪之间，另一只手向前推动活动外测量尺，至活动外测量尺与被测工件接触为止。

（3）游标卡尺的读数

游标卡尺的读数主要分为三步：

①先读整数部分。游标零刻线是读数基准。读出游标零刻线左边尺身上的最近刻度的毫米线，即为测量结果的整数部分。如图1-5所示整数部分为62mm。

②再读小数部分。读出游标上与尺身对齐的刻线数，再乘以分度值，即为测量结果的小数部分。如图1-5所示为：5×0.02mm＝0.10mm。

③求和。将读数的整数部分和小数部分相加，即为测量尺寸。如图1-5所示为：62mm＋0.10mm＝62.10mm。

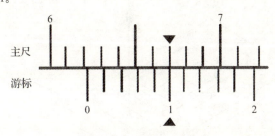

图1-5　游标卡尺的读数

（4）游标卡尺的保养及保管

①轻拿轻放；

②不要把卡尺当作卡钳或镙丝扳手，或其他工具使用；

③卡尺使用完毕必须擦净上油，两个外测量爪间保持一定的距离，拧紧固定螺钉，放回到卡尺盒内；

④不得放在潮湿、湿度变化大的地方。

2. 百分表

（1）普通百分表的功能与结构

百分表主要是用于测量长度、测量形位误差、检测机床的几何精度等，是机械加工生产和机械设备维修中不可缺少的量具。百分表的结构由表体、表圈、刻度盘、长指针、小指针、装夹套、测杆和测头组成，如图1-6所示。

（2）测量方法

测量平面度时，将工件和磁性表架放在划线平台上，百分表安装在普通表架或磁性表架上，测量时要注意：百分表测量杆应与被测表面垂直。将工件和表架放在划线平台上，根据被测平面的大小和形状依次测量零件上的多个点，找出最高点读数和最低点读数，计算平面度误差，如图1-7所示。

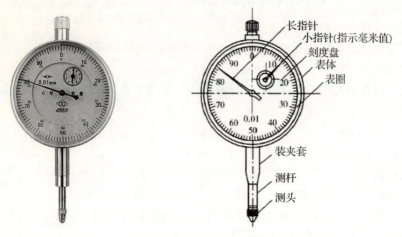

图 1-6 百分表的组成

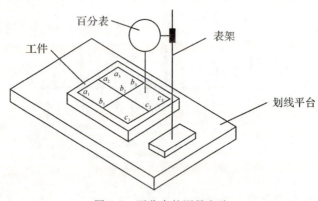

图 1-7 百分表的测量方法

(3)百分表的读数

①先读小指针转过的刻度线(即毫米整数);

②再读长指针转过的刻度线(即小数部分),并乘以 0.01;

③最后两者相加,即得到所测量的数值。

(4)百分表的维护与保养

①拉压测量杆的次数不宜过频,距离不要过长,测量杆的行程不要超出它的测量范围。

②使用百分表测量工件时,不能使触头突然落在工件的表面上。

③使用表座时,要安放平稳牢固。

④不能用手握测量杆,也不要把百分表同其他工具混放在一起。

⑤严防水、油液、灰尘等进入表内。

⑥百分表用后擦净、擦干放入盒内,使测量杆处于非工作状态,避免表内弹簧失效。

3.90°角尺

(1)90°角尺的功能与结构

90°角尺如图 1-8 所示,也叫镁铝合金直角尺,质量轻,不容易变形,屈服点超过一般钢材铸铁等。90°角尺的测量面与基面互相垂直,是检验垂直度、直线度和平面度的测量器具,又称为弯尺、靠尺。它结构简单,使用方便,是设备安装、调整、划线及平台测量中常用的测量器具之一。

图 1-8　90°角尺

(2)测量方法

测量工件垂直度时,先将 90°角尺尺座的测量面紧贴工件基准面,然后从上逐步向下移动,使 90°角尺直尺的测量面与工件的被测表面接触,眼光平视观察透光情况,以此来判断工件被测表面与基准面是否垂直。检查时,90°角尺不可斜放,否则检查结果不准确,如图 1-9 所示。

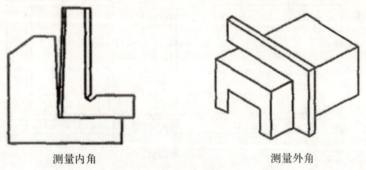

测量内角　　　　　　　　　　　　测量外角

图 1-9　90°角尺的测量方法

(3)90°角尺的维护与保养

合理地使用和正确保养 90°角尺,能够提高其检验精度和延长使用寿命。

①使用 90°角尺前,应根据被测件的尺寸和精度要求,选择 90°角尺的规格和精度,检查工作面和边缘是否有碰伤、毛刺等明显缺陷,并擦净角尺的工作面和被测工件面。

②在使用 90°角尺时应注意:长边测量面和短边测量面是工作面,所以只能用这两个面去测量,而不允许用长边和短边的侧面,以及侧棱去测量;90°角尺的使用精度与检测使用的平板精度有关,使用时应注意合理选用平板。

③使用完毕后,应将 90°角尺擦洗干净,涂油保养。

三、制图知识

1.图纸幅面和尺寸

为了使图纸幅面统一,便于装订和管理,绘制技术图样时,应优先采用表 1-1 所规定的基本幅面。

表 1-1   图纸基本幅面尺寸   单位：mm

幅面代号	幅面尺寸 $B \times L$	边框尺寸		
		a	c	e
A0	841×1189	25	10	20
A1	594×841	25	10	20
A2	420×594	25	10	20
A3	297×420	25	5	10
A4	210×297	25	5	10

2. 图框格式与标题栏

每张图样均需用粗实线绘制出图框，图样必须画在图框内。如果图形需要装订，应留装订边，如不需要，则不留装订边。同一产品的图样只能采用同一种格式，如图 1-10 所示。

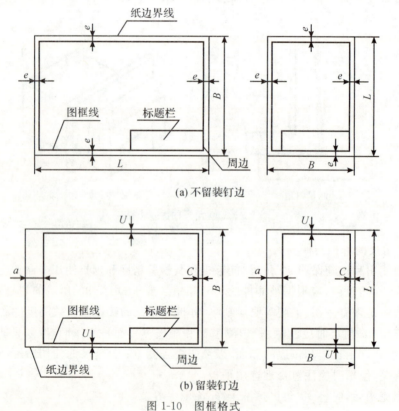

(a) 不留装钉边

(b) 留装钉边

图 1-10   图框格式

每张图样必须绘制标题栏，标题栏位于图纸右下角，标题栏中的文字方向为看图方向。标题栏的格式、内容和尺寸在国家标准中已作了规定，如图 1-11 所示。为了学习方便，在制图作业中建议采用图 1-12 所示的标题栏格式。

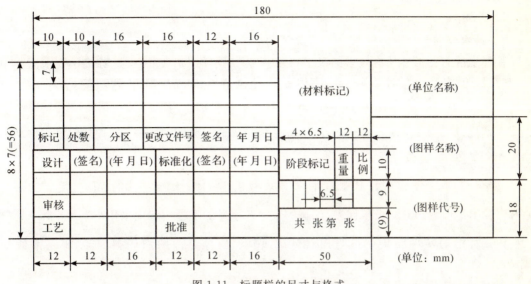

图 1-11　标题栏的尺寸与格式

图 1-12　制图作业标题栏

比例是指图形与其实物相应要素的线性尺寸之比。

$$比例 = \frac{图中图形的线性尺寸}{实物相应要素的线性尺寸}$$

为了反映机件的真实大小,绘制图样时应尽可能按物体的实际大小采用原值比例画出,如果物体太大或太小,则可选用表 1-2 第二系列中规定的适当比例,但无论采用何种比例,图形中所标注的数字必须是物体的实际大小,与图形的比例无关,比例一般应标注在标题栏中"比例"栏内,如 1∶1。

表 1-2　比例

种类	比例	
	第一系列	第二系列
原值比例	1∶1	
缩小比例	1∶2　1∶5　1∶10　1∶(1×10ⁿ) 1∶(2×10ⁿ)　1∶(5×10ⁿ)	1∶1.5　1∶2.5　1∶3　1∶4　1∶6 1∶(1.5×10ⁿ)　1∶(2.5×10ⁿ) 1∶(3×10ⁿ)　1∶(4×10ⁿ)　1∶(6×10ⁿ)
放大比例	2∶1　(1×10ⁿ)∶1 (2×10ⁿ)∶1　(1.5×10ⁿ)∶1	(4×10ⁿ)∶1

3. 字体

(1)基本要求

图样上除有图形外还有较多的汉字和数字,为使图样清晰美观,国家标准中要求图样中的汉字、字母、数字书写时必须做到:字体工整、笔画清楚、间隔均匀、排列整齐。

①图样中的汉字应写成长仿宋体,并采用国家正式公布的简化字。字体的字号表示字的书写高度(h),有 1.8,2.5,3.5,5,7,10,14 和 20 八种,字宽一般为 $\dfrac{h}{\sqrt{2}}$。按规定汉字字高不得小于 3.5mm。

②字母和数字分 A 型和 B 型两种,一般采用 B 型字体。B 型字体的笔画宽度 d 为字高 h 的 $\dfrac{1}{10}$。用作指数、分数、极限偏差、注脚的数字及字母的字号一般应采用小一号字体。

③图样中的字母和数字可写成斜体或直体。斜体字头向右倾斜,与水平基准线约成 75°。

④在同一图样上,只允许选用一种型式的字体。

(2)字体示例(见图 1-13)

字体工整　　笔画清楚

间隔均匀　　排列整齐

横平竖直　注意起落　填满方格

$1\ 2\ 3\ 4\ 5\ 6\ 7\ 8\ 9\ 0\ R\ \phi\ A\ B$

$1\ 2\ 3\ 4\ 5\ 6\ 7\ 8\ 9\ 0\ R\ \phi\ A\ B\ E\ Q\ S\ t$

图 1-13　字体写法

在工程图样上填写标题栏、明细表和技术要求等栏目时,要按国标要求书写长仿宋体的汉字。可按下述方法练习:

①用 H 或 HB 铅笔写字,将铅笔修理成圆锥形,笔尖不要太尖或太秃;

②按所写的字号用 H 或 2H 的铅笔打好底格,底格宜浅不宜深;

③字体的笔画宜直不宜曲,起笔和收笔不要追求刀刻效果,要简洁大方;

④字体的结构力求匀称、饱满,笔画分割的空白分布均匀。

4．图线画法

（1）图线的线型及应用

国家标准《机械制图 图样画法 图线》(GB/T 4457.4—2002)中规定了 9 种图线，其名称、线型及应用如表 1-3 所示。

表 1-3　机械制图的线型及应用

序号	线型	名称	一般应用
1	 ———————	细实线	过渡线、尺寸线、尺寸界线、剖面线、指引线、螺纹牙底线、辅助线等
2	 〜〜〜	波浪线	断裂处边界线、视图与剖视图的分界线
3	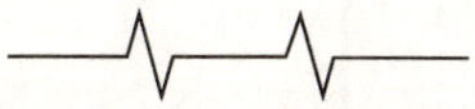 —〜�〜—	双折线	断裂处边界线、视图与剖视图的分界线
4	 ———————	粗实线	可见轮廓线、相贯线、螺纹牙顶线等
5	 - - - - - - -	细虚线	不可见轮廓线、不可见棱边线
6	 ▬ ▬ ▬ ▬ ▬	粗虚线	允许表面处理的表示线
7	 —·—·—·—	细点画线	轴线、对称中心线、分度圆（线）、孔系分布的中心线、剖切线
8	▬·▬·▬·	粗点画线	限定范围表示线
9	 —··—··—	细双点画线	相邻辅助零件的轮廓线、可动零件的极限位置的轮廓线、成形前轮廓线等

（2）图线的画法

①机械图样中采用粗细两种图线宽度，它们的比例关系为 2：1。图线的宽度(d)应按图样的类型和尺寸大小，在下列系数中选取：0.13,0.18,0.25,0.35,0.5,0.7,1.0,1.4,2(单位：mm)。粗线宽度通常采用 $d=0.5$mm 或 0.7mm。

②在同一图样中，同类图线的宽度应大致相等。图线的间隙，除非另有规定，两条平行线之间的最小间隙不得小于 0.7mm。

③细虚线、细点画线与其他图线相交时，都应线相交，而不是点或间隔相交。当细虚线处于粗实线的延长线上时，细虚线与粗实线之间应有空隙，如图 1-14 所示。

④绘制圆的对称中心线时，圆心应在线段的相交处，细点画线应超出圆的轮廓线约 3～5mm。当所画圆的直径较小，画细点画线有困难时，细点画线可用细实线代替，如图 1-14 所示。

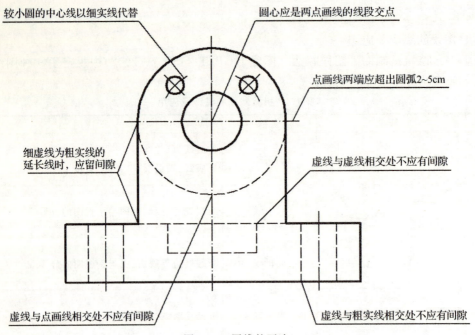

图 1-14　图线的画法

5.尺寸标注

(1)尺寸标注的基本规则

①机件的真实大小应以图样上所注的尺寸数值为依据,与图形的大小及绘图的准确度无关。

②图样中的尺寸以 mm 为单位时,不需要标注其计量单位的代号或名称;如采用其他单位,则必须注明相应的计量单位的代号或名称。

③图样中所注的尺寸,为该图样所示机件的最后完工尺寸,否则应另加说明。

④机件的每一尺寸,在图样上一般只标注一次,并应标注在反映该结构最清晰的图形上。

(2)尺寸标注的要素

一个完整的尺寸包括尺寸界线、尺寸线、尺寸数字三个要素,如图 1-15 所示。尺寸界线用来表示所标注尺寸的起始和终止位置,即尺寸的度量范围;尺寸线表示尺寸的度量方向,终端有箭头;尺寸数字表示尺寸的度量大小,一般注写在尺寸线的上方。尺寸界线和尺寸线用细实线绘制。

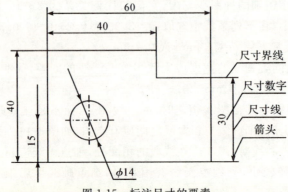

图 1-15　标注尺寸的要素

此外,为了使标注的尺寸清晰易读,标注尺寸时可按下列尺寸绘制:尺寸线到轮廓线、尺寸线和尺寸线之间的距离取 5～7mm,尺寸线超出尺寸界线 2～3mm,尺寸数字一般为 3.5 号字,箭头尾部宽为 d(d 为线宽),箭头长约 $6d$。

(3)尺寸数字的注写方法

线性尺寸数字通常写在尺寸线的上方或中断处,尺寸数字应按图 1-16 所示的方向注写,并尽可能避免在图示 30°范围内标注尺寸,当无法避免时应引出标注。对于非水平方向上的尺寸,其数字方向也可水平地注写在尺寸线的中断处。另外,尺寸数字不允许被任何图线所通过,否则,需要将图线断开。

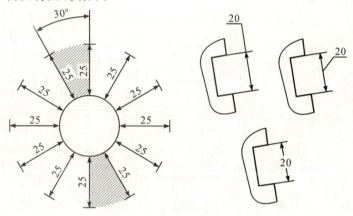

图 1-16　线性尺寸数字方向

6. 投影法与正投影的基本规律

在日常生活中,人们看到太阳光或灯光照射物体时,会在地面或者墙壁上出现物体的影子,这就是一种投影现象。我们把投射线通过物体向选定的面投影,并在该面上得到影子的方法称为投影法。投影法一般分为中心投影法和平行投影法,而平行投影法根据投射线与投影面是否垂直又可分为:

①斜投影法:投射线与投影面相倾斜的平行投影法,如图 1-17 所示。

②正投影法:投射线与投影面相垂直的平行投影法,如图 1-18 所示。

由于正投影法度量好,能正确反映物体的形状和大小,作图方便,所以我们常常使用正投影法绘制。

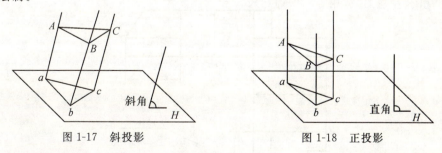

图 1-17　斜投影　　　　　　　　　　图 1-18　正投影

7. 三视图的形成过程及投影规律

(1)三视图的形成过程

将物体放在三投影面(V,H,W)体系中,使物体向三个投影面进行投影,再将三投影面

体系展开,得到三个视图,即:

①主视图:物体由前向后投影,在 V(正立投影)面上所得到的视图;

②俯视图:物体由上向下投影,在 H(水平投影)面上所得到的视图;

③左视图:物体由左向右投影,在 W(侧立投影)面上所得到的视图。

由于物体的形状只和它的视图(如主视图、俯视图、左视图)有关,而与投影面的大小及各视图、投影轴的距离无关,为了作图简便,故在画物体三视图时不画投影面边框及投影轴,图 1-19(a)所示为物体在三投影面的位置;图 1-19(b)所示为物体在三投影面的投影视图;图 1-19(c)所示为物体的三视图。

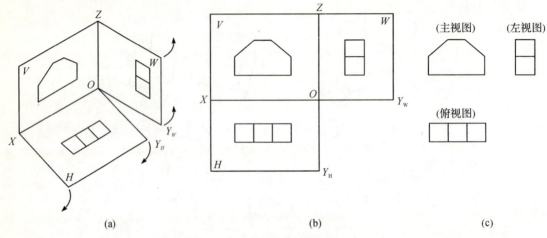

图 1-19　三投影面体系的展开和三视图

(2)三视图的投影规律

在空间物体上,规定左右方向尺寸为"长度",上下方向尺寸为"高度",前后方向尺寸为"宽度"。主视图和俯视图都反映了物体的左右(长度),主视图和左视图都反映了物体的上下(高度),俯视图和左视图都反映了物体的前后(宽度),如图 1-20 所示。由此可得出三视图之间的对应关系为:

①主视图、俯视图"长对正"(即等长);

②主视图、左视图"高平齐"(即等高);

③俯视图、左视图"宽相等"(即等宽)。

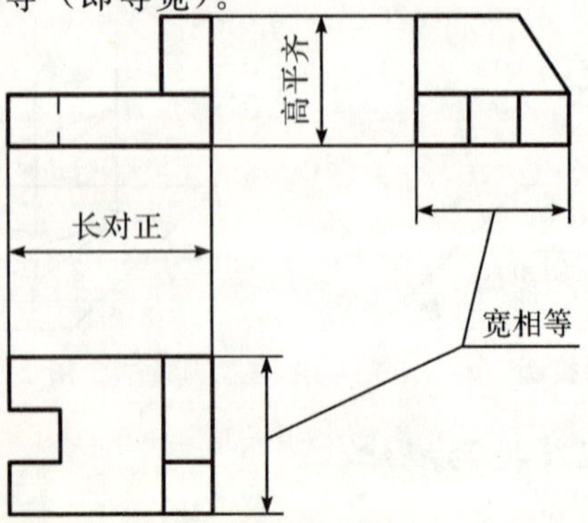

图 1-20　尺寸关系

8.点线面的投影特性

任何物体都是由点、线、面等几何元素组成的,在生产实践中加工零件实质上就是加工零件的表面,所以只有理解了几何元素的投影规律和特征,才能透彻理解机械图样所表达物体的具体结构形状。

(1)点的投影特性

点的投影永远是点,如图 1-21 所示。

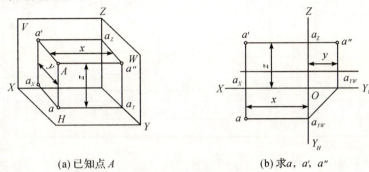

(a)已知点 A   (b)求 a, a′, a″

图 1-21 点的三面投影

空间点通常用大写字母 A,B 等表示,如 $A(x,y,z)$ 点的标记和投影特性如表 1-4 所示。

表 1-4 A 点的标记和投影特性

投影面	点 A 标记	坐标表达
侧立投影面(W)	a	x:空间点 A 到 W 面的距离 $=Oa_X=a'a_Z=aa_{YH}$
正立投影面(V)	a'	y:空间点 A 到 V 面的距离 $=Oa_{YH}=aa_X=a''a_Z$
水平投影面(H)	a''	z:空间点 A 到 H 面的距离 $=Oa_Z=a'a_X=a''a_{YW}$

(2)直线的投影特性

空间直线相对于一个投影面的位置有平行、垂直、倾斜三种,其投影特性如表 1-5 所示。

表 1-5 直线的投影特性

直线的位置	平行于投影面	垂直于投影面	倾斜于投影面
图示			
投影	等于实长 AB	积聚为一点	比实长 AB 短
投影特性	真实性	积聚性	收缩性

空间直线在三投影面体系中,可分为投影面平行线、投影面垂直线、投影面倾斜线三类,前两类称为特殊位置线,后一类称为一般位置线。

（3）平面的投影特性

空间平面相对于一个投影面的位置有平行、垂直、倾斜三种，其投影特性如表 1-6 所示。

表 1-6　平面的投影特性

平面的位置	平行于投影面	垂直于投影面	倾斜于投影面
图示			
投影	平面投影反映实形	积聚成一条直线	与原形类似但缩小
投影特性	真实性	积聚性	收缩性

平面在三投影面体系中，可分为投影面平行面、投影面垂直面、投影面倾斜面三类，前两类称为特殊位置平面，后一类称为一般位置平面。

9. 尺寸和尺寸偏差

（1）尺寸

尺寸是指以特定单位表示线性尺寸值的数值，它包括直径、半径、宽度、深度、高度及中心距等的尺寸，由数字和特定单位组成，如 40mm。

注意：机械图样中，尺寸单位为 mm 时，通常可以省略单位。

①公称尺寸。公称尺寸是根据使用要求通过刚度、强度计算及结构等方面的考虑，并按标准直径或标准长度圆整后所给定的尺寸，是指设计零件给定的尺寸。

②极限尺寸。极限尺寸是指允许尺寸变化的两个界限值。其中，允许的最大尺寸称为上极限尺寸（最大极限尺寸），允许的最小尺寸称为下极限尺寸（最小极限尺寸）。

③实际尺寸。实际尺寸是指零件加工后通过测量所得到的尺寸。

（2）尺寸偏差（简称偏差）

偏差是指某一尺寸（实际尺寸、极限尺寸等）与其公称尺寸的代数差，包括极限偏差和实际偏差两种。偏差可为正值、负值或零。

①极限偏差：极限尺寸减其公称尺寸所得的代数差，包括上偏差、下偏差。

上偏差：上极限尺寸减其公称尺寸所得的代数差。

下偏差：下极限尺寸减其公称尺寸所得的代数差。

注意：标注极限偏差时，上偏差应标注在公称尺寸的右上方，下偏差应标注在公称尺寸的右下方，且上偏差必须大于下偏差，如 $L^{+0.059}_{+0.043}$；若上偏差或下偏差为零时，也必须标注在相应的位置上，并与上偏差或下偏差的小数点前的个位数对齐，如 $L^{+0.025}_{0}$；当上偏差和下偏差数值相同、符号相反时，需简化标注，偏差数字的字体高度与尺寸数字的字体相同，如 $L\pm0.15$。

由于极限偏差是用代数差来定义的，极限尺寸可能大于、小于或等于公称尺寸，所以极限偏差可以为正值、负值或零。偏差使用时，除零外前面必须标上相应的"＋"号或"－"号。

②实际偏差。实际偏差指实际尺寸减其公称尺寸所得的代数差。实际偏差应限制在极限偏差范围内,也可达到极限偏差。

10.几何公差

国家标准 GB/T 1182—2008/ISO 1101:2004 中规定的几何公差的几何特征及符号如表 1-7 所示。

表 1-7　几何公差的几个特征及符号

分类	特征项目	符号	分类	特征项目	符号
形状公差	直线度	—	位置公差	位置度	⊕
	平面度	▱		同心度(用于中心点)	◎
	圆度	○		同轴度(由于轴线)	◎
	圆柱度	⌭		对称度	≡
	线轮廓度	⌒		线轮廓度	⌒
	面轮廓度	⌓		面轮廓度	⌓

在测量长方体工件时,我们需要用到平面度公差和垂直度公差。

(1)平面度公差

平面度是限制实际表面对其理想平面变动量的一项指标。平面度公差是指平面对理想平面所允许的最大变动量,其被测要素是平面要素。平面度公差用于控制平面的形状误差,其公差带是距离为公差值 t 的两平行面之间的区域。平面度公差带的含义及标注如表 1-8 所示。

表 1-8　平面度公差带的含义及标注

平面度公差带含义	标注示例和解释
平面度公差带为间距等于公差值 t 的两平面所限定的区域	被测表面必须位于距离为0.08mm的两平行平面之间

(2)垂直度公差

垂直度是限制实际要素对基准在垂直方向上变动量的一项指标。垂直度公差是一种定向公差,是指被测要素相对基准在垂直方向上允许的变动全量。所以,定向公差具有控制方向的功能,即控制被测要素对基准要素的方向,理论正确角度为90°。垂直度公差带的含义及标注如表1-9所示。

表 1-9　垂直度公差带的含义及标注

垂直度公差带含义	标注示例和解释
垂直度公差带为间距等于公差值 t,且垂直于基准线的两平行平面所限定的区域 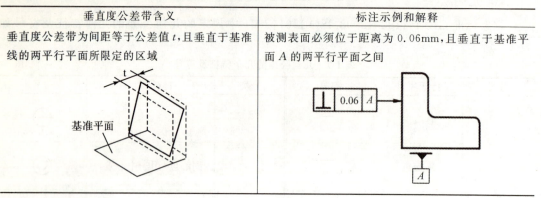	被测表面必须位于距离为0.06mm,且垂直于基准平面 A 的两平行平面之间

四、项目实施

1. 项目概述

本项目的任务是测绘长方体工件(见图1-22)。要求选用正确的量具去测量长方体的尺寸,检测平面度误差和垂直度误差,并绘制出长方体的三视图,要求绘图正确、尺寸标注无误、图形清晰、布局合理。

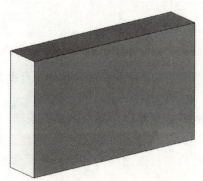

图 1-22　长方体工件

2. 工艺设计

(1)核对工量具清单(见表1-10)

表 1-10　工量具清单

序号	名　称	规　格	数量
1	长方体工件	$L \times B \times H$	1个
2	百分表	0～3mm(0.01mm)	1个
3	游标卡尺	0～150mm(0.02mm)	1把
4	90°角尺	100×70(单位:mm)	1把
5	百分表架		1个
6	绘图工具		1套

（2）测量长方体的长、宽、高

①将长方体工件擦干净，使用时轻拿轻放；

②松开游标卡尺的紧固镙钉，校准零位，向后移动外测量爪，使两个外测量爪之间的距离略大于长方体工件的长度 L；

③一只手拿住游标卡尺的尺架，将长方体工件置于两个外测量爪之间，另一只手向前推动活动外测量尺，至活动外测量尺与长方体工件接触为止，读出游标数值，即为长方体的长度，如图 1-23 所示；

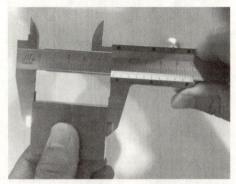

图 1-23 测量长方体的长度 L

④用同样的方法测量长方体高度 H 和宽度 B。

（3）检测长方体的平面度

①将划线平台、长方体工件表面和百分表清理擦拭干净；

②取出百分表，将百分表校零，并轻轻用手指推动测头，观察测杆和指针是否灵敏；

③将工件放置在划线平台上，将百分表安装在表架上，调整百分表的位置，使百分表测量杆与长方体待测平面保持垂直，并有 $1\sim2$ 圈的压缩量，将百分表指针调零，如图 1-24 所示；

图 1-24 检测长方体的平面度

④根据测量平面的大小和形状等距测量零件平面上若干个点，并记录数值；

⑤找出测量的最高点 M_{max} 和最低点 M_{min}，计算平面度误差 $f=M_{max}-M_{min}$。

（4）检测长方体的垂直度

①将待测零件和 $90°$ 角尺清理干净，并放置在平板上；

②将零件被测平面最前端紧靠90°角尺；

③观察90°角尺与零件之间的光隙的大小并对比标准光隙,以最大光隙作为该检测段内的垂直度误差并记录(观察时视线应与观察面中心齐平,垂直于光隙),如图1-25所示；

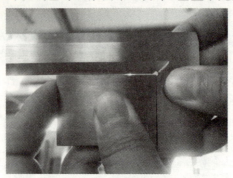

图 1-25　检测长方体的垂直度

④将被测平面前移一固定距离,重复上述步骤③,测量若干次直到完成整个零件待测平面的测量；

⑤取所有误差中的最大误差作为该零件被测面相对于基准面的垂直度误差。

(5)绘制长方体工件的三视图

①绘制投影轴,如图1-26所示。

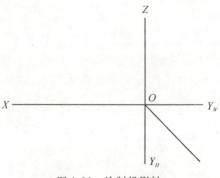

图 1-26　绘制投影轴

②用游标卡尺测量长方体的长度,绘制长方体长度 L,如图1-27所示。

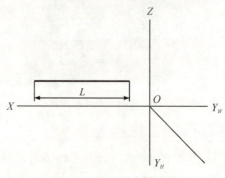

图 1-27　绘制长方体长度

③用游标卡尺测量长方体的高度,绘制长方体高度 H,完成主视图,如图 1-28 所示。

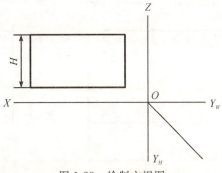

图 1-28 绘制主视图

④用游标卡尺测量长方体的宽度,绘制长方体宽度 B,根据"长对正"完成俯视图绘制,如图 1-29 所示。

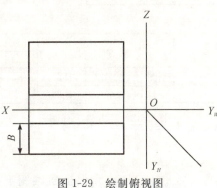

图 1-29 绘制俯视图

⑤根据"三等"关系,绘制左视图,如图 1-30 所示。
⑥擦除多余图线,完成长方体三视图,如图 1-31 所示。

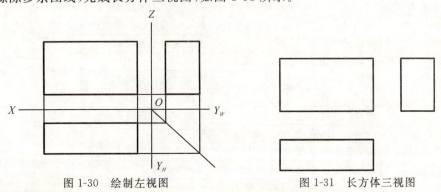

图 1-30 绘制左视图   图 1-31 长方体三视图

(6)绘制长方体工件的标准工程图
①按国家标准的要求选择比例大小合适的图幅图框;
②绘制适合工件零件图比例的图幅图框、标题栏;
③对工件进行空间分析和投影分析,明确三视图特征,绘制三视图,标注尺寸;
④明确加工质量要求,分析填写技术要求;
⑤了解零件的名称、材料、比例等,填写标题栏,完成工程零件图,如图 1-32 所示。

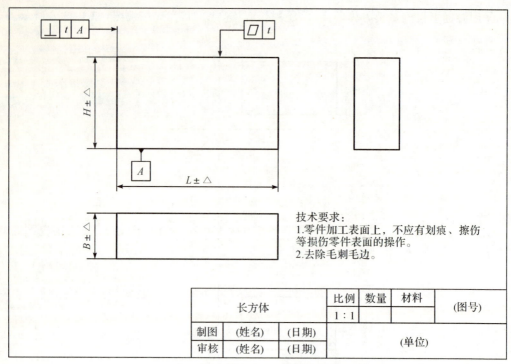

技术要求:
1.零件加工表面上,不应有划痕、擦伤等损伤零件表面的操作。
2.去除毛刺毛边。

长方体	比例	数量	材料	(图号)
	1:1			

制图	(姓名)	(日期)	(单位)
审核	(姓名)	(日期)	

图 1-32　长方体工程图

3.任务执行

根据表 1-11 完成对长方体工件的测绘,并保证所绘图形尺寸正确、图形清晰、布局合理。

表 1-11　项目任务执行表(执行结果用√表示)

序号	执行步骤	执行内容	执行标准	参考时间/min	执行结果
1	核对工量具清单	按工量具清单领用工具与量具,并检查	判断工具可否正常使用	20	
			校准量具是否准确		
2	测绘长方体	绘制投影轴	见图 1-26	100	
		测量长方体长度 L	测量方法符合要求		
		绘制长方体长度 L	见图 1-27		
		测量长方体高度 H	测量方法符合要求		
		绘制长方体高度 H,完成主视图	见图 1-28		
		测量长方体宽度 B	测量方法符合要求		
		绘制长方体宽度 B,完成俯视图	见图 1-29		
		根据"三等"关系,绘制左视图	见图 1-30		
		擦除多余图线,完成三视图绘制	见图 1-31		
3	绘制工程图	设计公差并绘制工程图	见图 1-32	60	
				总计:180	

五、项目评价

根据表1-12完成任务检测。

表 1-12 任务检测标准

序号	检测内容	执行标准	自评	教师评
1	测量要求	使用方法正确,读数无误 —A		
		使用方法正确,读数有误 —B		
		使用方法不正确,读数有误 —C		
2	制图标准	图纸内容完整,视图表达合理 —A		
		图纸内容完整,视图表达不合理 —B		
		图纸内容不完整,视图表达不合理 —C		
3	安全文明	工量具使用规范,无安全事故 —A		
		工量具使用不规范,但无安全事故 —B		
		出现安全事故,工量具或零件损坏 —C		

六、知识拓展——求长方体表面上点的投影

如图1-33所示,已知长方体上正前面上一点A的正面投影a',求其余的两个投影a和a''。

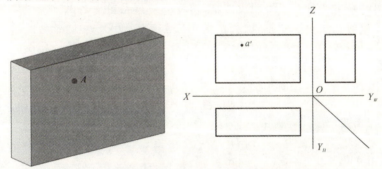

图 1-33 长方体表面点A的位置及其在正投影面的投影

解:由于图1-33长方体的表面都处在特殊位置,所以长方体表面上点的投影均可用平面投影的积聚性来作图。

作图步骤:

(1)由于长方体的水平投影积聚成直线,所以A点的水平投影a一定在正前面的水平投影上,据此从a'向俯视图作投影连线,与该直线的交点即为a,如图1-34所示。

(2)根据"高平齐、宽相等"的投影规律,由正投影面a'和水平投影面a就可求得侧面投影a'',如图1-34所示。

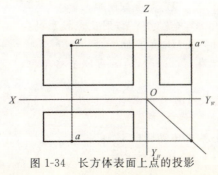

图 1-34 长方体表面上点的投影

项目练习

XIANGMU LIANXI

一、判断题

1. 正投影法度量好,能正确反映物体的形状和大小。 （　　）
2. 投射线与投影面相倾斜的平行投影法称为正投影法。 （　　）
3. 百分表在使用时应轻拿轻放,禁止摔落、碰撞情况的发生。 （　　）
4. 游标卡尺只能测量外径。 （　　）
5. 90°角尺是检验垂直度、直线度和平面度的测量器具。 （　　）
6. 为了作图简便,故在画物体三视图时不画投影面边框及投影轴。 （　　）
7. 在选用游标卡尺测量尺寸前应先对游标卡尺进行零位校准。 （　　）
8. 游标卡尺的读数需估读。 （　　）
9. 游标卡尺可以当作卡钳或镙丝扳手使用。 （　　）
10. 百分表主要用于测量长度、测量形位误差、检车机床的几何精度等,是机械加工生产和机械设备维修中不可缺少的量具。 （　　）
11. 90°角尺结构简单,使用方便,是设备安装、调整、划线及平台测量中常用测量器具之一。 （　　）
12. 每张图样均需要细实线绘制出图框,图样必须画在图框之内。 （　　）
13. 一个完整的尺寸由尺寸界线、尺寸线和尺寸数字组成。 （　　）
14. 空间直线相对于一个投影面的位置有平行、垂直、倾斜三种。 （　　）

二、选择题

1. 物体由左向右投影,在侧立投影面上所得到的视图为（　　）。
   A. 主视图　　　　　　　　B. 俯视图　　　　　　　　C. 左视图
2. 正立投影面用（　　）字母表示。
   A. V　　　　　　　　　　B. H　　　　　　　　　　C. W
3. 机械制图中比例 1∶2 是（　　）比例。
   A. 放大　　　　　　　　　B. 原值　　　　　　　　　C. 缩小
4. A4 纸的幅面尺寸是（　　）。
   A. 210×297　　　　　　　B. 297×420　　　　　　　C. 420×594
5. 绘制图样时,不可见轮廓线用（　　）表示。
   A. 粗实线　　　　　　　　B. 细实线　　　　　　　　C. 虚线
6. 线性尺寸数字通常写在尺寸线的（　　）。
   A. 下方　　　　　　　　　B. 下方　　　　　　　　　C. 上方、下方都可以
7. 比例是指（　　）相应要素的线型尺寸之比。
   A. 图形与实物　　　　　　B. 实物与图形　　　　　　C. 图形与图形
8. 直线垂直于投影面的投影积聚为一点,则反应投影的（　　）。
   A. 收缩性　　　　　　　　B. 真实性　　　　　　　　C. 积聚性
9. 机械图样中,尺寸单位为（　　）时,通常可以省略单位。
   A. m　　　　　　　　　　B. cm　　　　　　　　　　C. mm
10. 下极限尺寸减其公称尺寸所得的代数差称为（　　）。
    A. 上偏差　　　　　　　　B. 下偏差　　　　　　　　C. 实际偏差
11. 允许尺寸变化的两个界限值是指（　　）。
    A. 极限尺寸　　　　　　　B. 公称尺寸　　　　　　　C. 实际尺寸

项目二　圆柱体的测绘与制图

学习项目名称	圆柱体的测绘与制图
情境应用	台阶轴
基础知识点	算术平均值 圆、圆弧及球面的尺寸注法 圆度及圆柱度公差
认知技能点	外径千分尺的认知与使用方法
操作技能点	圆柱体工件的测绘
课程场地	"机械测绘与制图"课程教室
设计课时	7 课时

图 2-1　阶梯轴

一、项目应用

阶梯轴如图 2-1 所示。在日常生活和生产中,圆柱体工件十分常见,如齿轮箱中的台阶轴、齿轮轴等,如图 2-2 所示。因此,掌握圆柱体工件的测绘和制图显得非常重要。

图 2-2　齿轮箱

二、项目认知

1. V 形架

V 形架按 JB/T8047—2007 标准制造,也称为 V 形铁,如图 2-3 所示。常用的有单口 V 形铁、三口 V 形铁和五口 V 形铁。V 形铁采用优质 HT200～HT250 材质,主要用于精密轴类零件的检测、划线、定位及机械加工中的装夹,用来放置轴、套筒、圆盘等圆形工件,以便找正中心线。

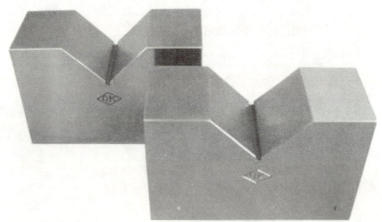

图 2-3　V 形架

2. 外径千分尺

(1)外径千分尺的功能与结构

千分尺类量具又称为螺旋测微量具,是利用螺旋副的运动原理进行测量和读数的一种测微量具,它比游标量具测量精度高,且使用方便,主要用于测量中等精度的零件。它的量程为 0～25mm、25～50mm、50～75mm,精度为 0.01mm。

千分尺由尺架、测微螺杆、测力装置、微分筒和制动器等组成。常见的外径千分尺由尺架、测微螺杆、微分筒、测力装置和固定套筒等组成。如图 2-4 所示是量程为 0～25mm 的外径千分尺。尺架的一端装着固定测砧,另一端装着测微螺杆。固定测砧和测微螺杆的测量面上都镶有硬质合金,以提高测量面的使用寿命。尺架的两侧面覆盖着绝热板,使用千分尺时,手握绝热板,防止人体的热量影响千分尺的测量精度。

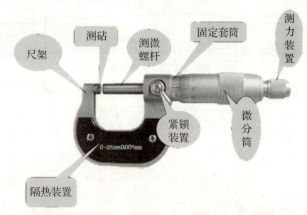

图 2-4　外径千分尺的组成

　　千分尺的种类有很多种,在测量圆柱体零件外径时,使用外径千分尺即可,如图 2-5 所示,所以我们在这里只介绍外径千分尺。

图 2-5　外径千分尺测量轴径

　　(2)外径千分尺的使用方法

　　①根据被测零件的尺寸选用相应的外径千分尺;

　　②将外径千分尺砧面擦干净,校准零线;

　　③将被测工件表面擦拭干净后,置于外径千分尺两测量面之间,使外径千分尺测微螺杆的轴线与工件中心线垂直或平行;

　　④旋转微分筒,使测砧端与工件测量面接近,旋转测力旋钮,听到"咔咔"2～3 声时为止,然后紧固锁紧螺钉;

　　⑤轻轻取下外径千分尺,即可读数,读数时尽可能使视线与刻线表面保持垂直,以免造成读数误差。

　　(3)外径千分尺的读数方法

　　①读出固定套筒刻线所显示的最大数值,读数时要注意半毫米刻线;

　　②在微分筒上找到与固定套筒中线对齐的刻线,读出不足半毫米的小数部分,再乘以分度值。当微分筒上没有任何一根刻线与套筒中线对齐时,应估读到小数点后三位数;

③把两个读数相加即得到实测尺寸,如图 2-6 所示。

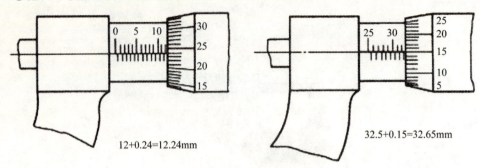

12+0.24=12.24mm

32.5+0.15=32.65mm

图 2-6　外径千分尺的读数

(4)外径千分尺的维护保养

①使用千分尺时不可测量粗糙工件表面,也不能测量正在旋转的工件;

②千分尺要轻拿轻放,不得摔碰;

③将测砧、微分筒擦拭干净,避免受切屑粉末、灰尘的影响;

④将测砧分开,拧紧固定螺丝,以免长时间接触而造成生锈;

⑤千分尺不得放在潮湿、温度变化大的地方;

⑥千分尺要保持清洁。测量完后,用软布或棉纱等擦干净,放入盒中。长期不用的应涂防锈油。此时,要注意勿使两测量面贴合在一起,以免锈蚀。

三、制图知识

1.算术平均值

在测量圆柱体零件的过程中,由于测量器具的误差、测量方法的误差、测量力引起的变形误差及测量环境等综合因素的影响,使实际测得的量值与真实值之间存在一定的差异,这种差异我们称之为测量误差。在测量的过程中要尽可能地降低或消除测量误差,可以采用算术平均值的测法,即对同一个零件的同一个尺寸进行多次测量,得到一系列不同的测量值,然后取这些测量值的算术平均值

$$\overline{X}=\frac{X_1+X_2+\cdots+X_n}{n}$$

式中:$\overline{X}$——算术平均值(mm);

X_1——第一次的测量值(mm);

X_2——第二次的测量值(mm);

X_n——第 n 次的测量值(mm);

n——测量次数。

2.圆、圆弧及球面的尺寸注法

如图 2-7(a)所示,标注直径时,应在尺寸数字前面加注符号"ϕ";标注半径时,应在尺寸数字前面加注符号"R"。圆或大于半圆的圆弧一般应标注直径,半圆或小于半圆的圆弧一般应标注半径,尺寸线指向圆心,在接触圆的终端画上箭头。标注球面直径或半径时,应在符号 ϕ 或者 R 前加注表示球面的符号"S",如图 2-7(b)所示。对于螺钉、铆钉的头部,轴和手

柄的端部等,在不致引起误解的情况下,可省略符号"S"。当圆弧的半径过大,在图纸范围内无法注出其圆心位置或不必注出其圆心位置时,可按图 2-7(c)的形式标注。

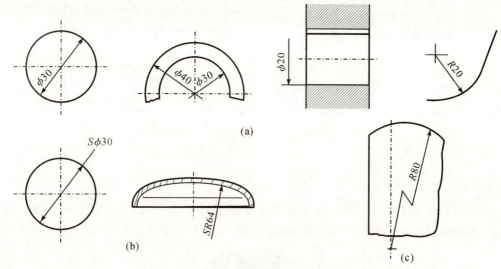

图 2-7　圆、圆弧及球面的尺寸标注法

3.圆度与圆柱度公差

在日常的生活中,圆形是否规整往往是通过目测和我们的经验来判断的,但在工业生产中这样来判断零件的外形是否圆整显然是不科学的,所以在机械行业中,通过圆度和圆柱度的测量来判断和评定工件的圆整性。

圆度是限制实际圆对理想圆变动量的一项指标。圆度公差是限制实际圆对其理想圆的变动全量,用于控制回转面在任一正截面上的圆轮廓的形状误差。

圆柱度是限制实际圆柱面对理想面圆柱面变动量的一项指标。圆柱度公差是限制实际圆柱面对其理想圆柱面的全变动量,用于控制被测实际圆柱面的形状误差。圆度和圆柱度公差带的含义及标注如表 2-1 所示。

表 2-1　圆度和圆柱度公差带的含义及标注

特征	公差带含义	标注示例和解释
圆度公差	圆度公差带为在给定横截面内,半径差等于给定公差值 t 的两同心圆所限定的区域	在圆柱和圆锥面的任意截面内,提取(实际)圆周应限定在半径差等于 0.03 的两共面同心圆之间

(续表)

特征	公差带含义	标注示例和解释
圆柱度公差	圆柱度公差带为半径差等于公差值 t 的两同轴圆柱面所限定的区域	提取(实际)圆柱面应限定在半径差等于 0.1 的两同轴圆柱面之间

四、项目实施

1.项目概述

本项目的任务是选用正确的量具去测量圆柱体工件(见图 2-8)的尺寸,检测圆柱度误差,并绘制出圆柱体的三视图,要求保证绘图正确、尺寸标注无误、图形清晰、布局合理。

图 2-8　圆柱体工件

2.工艺设计

(1)核对工量具清单(见表 2-2)

表 2-2　工量具清单

序号	名　称	规　格	数量
1	圆柱体工件	$\phi \times H$	1个
2	外径千分尺	25～50mm(0.01mm)	1把
3	游标卡尺	150mm(0.02mm)	1把
4	百分表	0～3mm(0.01mm)	1个
5	V形架		1个
6	百分表架		1个
7	绘图工具		1套

(2)测量圆柱直径及高度

①根据被测零件的尺寸选用相应的外径千分尺;

②将外径千分尺砧面擦干净,松开锁紧装置,校准零线;

③将圆柱工件表面擦拭干净,将圆柱体工件的圆柱面置于外径千分尺测砧和测微螺杆之间,使外径千分尺测微螺杆的轴线与工件中心线垂直或平行;

④一只手捏住千分尺的隔热装置,使千分尺处于水平状态;另一只手转动微分筒,使测砧端与工件测量面接近,旋转测力旋钮,听到"咔咔"2～3声时为止,然后紧固锁紧螺钉,如图2-9所示;

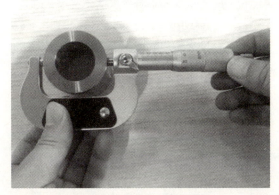

图2-9　测量圆柱体直径

⑤轻轻取下外径千分尺,即可读数。读数时尽可能使视线与刻线表面保持垂直,以免造成读数误差,最后测量出圆柱面的直径(测量多次,取算术平均值);

⑥用游标卡尺测量出圆柱工件的高度,如图2-10所示(测量多次,取算术平均值)。

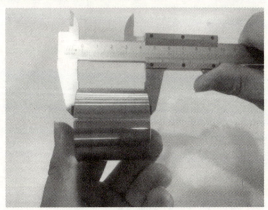

图2-10　测量出圆柱体高度

(3)测量圆度及圆柱度误差

①将待测零件表面和V形架清理干净,并将零件放置到V形架上;

②将百分表取出校零,并用手轻轻推压测头,检查测量杆和指针是否灵敏;

③将百分表安装到表架上,调整百分表的位置,使百分表的测杆垂直指向圆柱体工件的轴线,并有1～2圈的压缩量,将百分表指针调零,如图2-11所示;

④缓慢转动工件,用百分表测量圆柱体工件同一截面内轮廓圆周上的八个数值,并记录数据,取截面内测得数据的最大值误差减最小误差值,再除以2则为该截面的圆度误差值,即$\overline{M}=(M_{max}-M_{min})/2$;

⑤取多个截面(根据圆柱的高度),重复以上步骤测算出多个截面内的圆度误差值,取所有截面内测算出的最大圆度误差值$\overline{M}_{max}$为该圆柱体工件的圆度误差值;取所有截面内的所

图 2-11   测量圆柱体圆柱度

有点测出数据的最大值与最小值之差,再除以 2 即为该圆柱体工件的圆柱度误差值,即 $M=(M_{点max}-M_{点min})/2$。

（4）绘制圆柱体工件的三视图

①绘制投影轴和中心线,如图 2-12 所示。

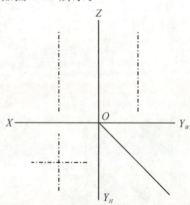

图 2-12   绘制圆柱体投影轴和中心线

②测量圆柱体的高度 H 和直径 ϕ,绘制圆柱体主视图,如图 2-13 所示。

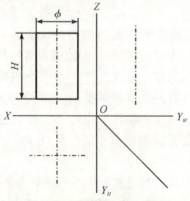

图 2-13   绘制圆柱体主视图

③利用"三等"关系,绘制圆柱体俯视图,如图 2-14 所示。

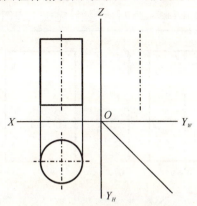

图 2-14 绘制圆柱体俯视图

④利用"三等"关系,绘制圆柱体左视图,如图 2-15 所示。

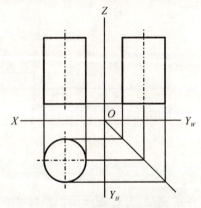

图 2-15 绘制圆柱体左视图

⑤擦除多余图线,完成圆柱体三视图,如图 2-16 所示。

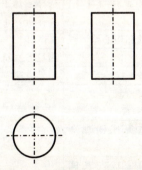

图 2-16 绘制圆柱体三视图

(5)绘制圆柱体工件的标准工程零件图

①按国家标准的要求选择比例大小合适的图幅图框;

②绘制适合工件零件图比例的图幅图框、标题栏;

③对工件进行空间分析和投影分析,明确三视图特征,绘制三视图,标注尺寸;

④明确加工质量要求,分析填写技术要求;

⑤了解零件的名称、材料、比例等,填写标题栏,完成工程图,如图 2-17 所示。

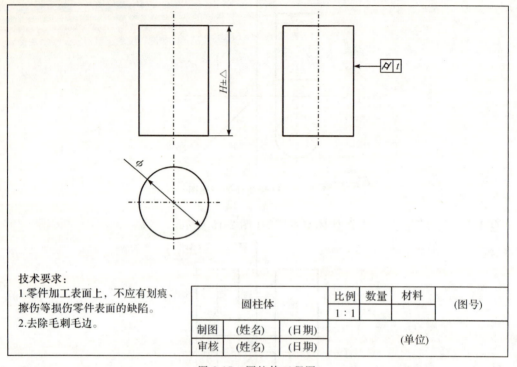

技术要求:
1.零件加工表面上,不应有划痕、擦伤等损伤零件表面的缺陷。
2.去除毛刺毛边。

圆柱体		比例	数量	材料	(图号)
		1:1			
制图	(姓名)	(日期)		(单位)	
审核	(姓名)	(日期)			

图 2-17　圆柱体工程图

3.任务执行

按表 2-3 完成对圆柱体工件的测绘,并保证所绘图形尺寸正确、图形清晰、布局合理。

表 2-3　项目任务执行表(执行结果用√表示)

序号	执行步骤	执行内容	执行标准	参考时间/min	执行结果
1	核对工量具清单	按工量具清单领用工具与量具,并检查	选择工具正确	20	
			选择量具正确		
2	测绘圆柱体	绘制圆柱体投影轴和中心线	见图 2-12	80	
		测量圆柱体高度 H	测量方法符合要求		
		测量圆柱体直径 ϕ	测量方法符合要求		
		绘制圆柱体高 H 和直径 ϕ,完成主视图	见图 2-13		
		利用"三等"关系完成俯视图绘制	见图 2-14		
		利用"三等"关系完成左视图绘制	见图 2-15		
		擦除多余图线,完成三视图绘制	见图 2-16		
3	绘制工程图	设计公差并绘制工程图	见图 2-17	60	
				总计:160	

五、项目评价

根据表 2-4 完成任务检测。

表 2-4　任务检测标准

序号	检测内容	执行标准	自评	教师评
1	测量要求	使用方法正确,读数无误　—A		
		使用方法正确,读数有误　—B		
		使用方法不正确,读数有误　—C		
2	制图标准	图纸内容完整,视图表达合理　—A		
		图纸内容完整,视图表达不合理　—B		
		图纸内容不完整,视图表达不合理　—C		
3	安全文明	工量具使用规范,无安全事故　—A		
		工量具使用不规范,但无安全事故　—B		
		出现安全事故,工量具或零件损坏　—C		

六、知识拓展——求圆柱表面上点的投影

如图 2-18 所示,已知圆柱面上点 A 和点 B 的正面投影 a' 和 b' 重影,求 A,B 两点的水平面投影和侧平面投影。

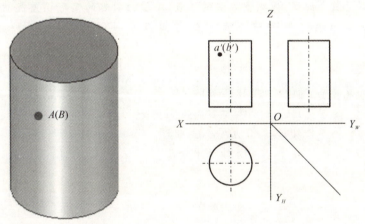

图 2-18　圆柱面点 A 的位置及其在正投影面的投影

解:由于 a' 为可见,b' 为不可见,可知 A 点在前半圆柱面上,B 点在后半圆柱面上。

作图步骤:

(1)根据圆柱面在 H 面的投影具有积聚性,根据"长对正"关系,由 a'、b' 作出 a 和 b,如图 2-19 所示。

(2)根据"高平齐""宽相等"关系,由 a'、a 和 b'、b 作出 a'' 和 b''。由于 A,B 两点都在左半圆柱面上,所以 a'' 和 b'' 都是可见的。

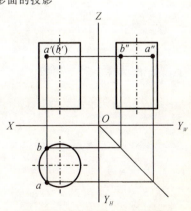

图 2-19　圆柱表面上点的投影

项目练习

XIANGMU LIANXI

一、判断题

1. 外径千分尺由尺架、测微螺杆、微分筒、测力装置和固定套筒等组成。 （　　）

2. V形架主要用于精密轴类零件的检测、划线、定位及机械加工中的装夹。 （　　）

3. 标注直径时，应在尺寸数字前面加注符号"R"；标注半径时，应在尺寸数字前面加注符号"ϕ"。 （　　）

4. 圆度公差是限制实际圆对其理想圆的变动全量，用于控制回转面在任一正截面上的圆轮廓的形状误差。 （　　）

5. 外径千分尺尺架的两侧面覆盖着绝热板。 （　　）

二、选择题

1. 外径千分尺测砧和测微螺杆的测量面上都镶有（　　），以提高测量面的使用寿命。

A. 铸铁　　　　　　　　　　B. 高速钢　　　　　　　　　　C. 硬质合金

2. 标注球面直径或半径时，应在符号ϕ或者R前加注表示球面的符号（　　）。

A. H　　　　　　　　　　B. S　　　　　　　　　　C. δ

3. 由于受测量器具的误差、测量方法的误差、测量力引起的变形误差及测量环境等综合因素的影响，使实际测得的量值与真实值之间存在一定的差异，这种差异我们称之为（　　）。

A. 测量误差　　　　　　　　B. 形状误差　　　　　　　　C. 几何公差

4. 读数时尽可能地使视线与刻线表面保持（　　），以免造成读数误差。

A. 垂直　　　　　　　　　　B. 平行　　　　　　　　　　C. 倾斜

5. 在测量圆柱体零件外径时，使用（　　）即可。

A. 内径千分尺　　　　　　　B. 外径千分尺　　　　　　　C. 百分表

项目三　圆锥体的测绘与制图

学习项目名称	圆锥体的测绘与制图
情境应用	车床顶针
基础知识点	圆锥的空间分析 圆锥的投影分析 锥度的表达方法 斜度的表达方法
认知技能点	圆锥投影分析
操作技能点	圆锥体工件的测绘
课程场地	"机械测绘与制图"课程教室
设计课时	7 课时

图 3-1　机床顶针

一、项目应用

在日常生活和生产中,我们常常见到很多圆锥体工件,如机床顶针(见图 3-1)、车床上的顶针(见图 3-2)。因此,掌握圆锥体工件的测绘和制图显得非常重要。

图 3-2 车床顶针

二、制图知识

1.圆锥的空间分析

圆锥表面由圆锥面和底面所围成。如图 3-3 所示,圆锥面可以看作是一条直母线 SA 绕着与它相交的轴线 SO 回转而成的。在圆锥面上通过锥顶的任一直线称为圆锥面的素线。

2.圆锥的投影分析

如图 3-3 所示,圆锥的轴线与水平投影面垂直放置。圆锥的底面是水平面,水平投影为一个圆,反映底面的实形,同时也表示圆锥面的投影,正面和侧面投影积聚为直线;圆锥的正面、侧面投影均为等腰三角形,即圆锥的三视图特征为一个圆和两个等腰三角形。

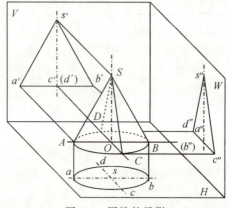

图 3-3 圆锥的投影

3.斜度

(1)斜度的概念

斜度是指一直线(或一平面)对另一直线(或另一平面)的倾斜程度,其大小用两直线(或两平面)的夹角的正切值来表示。即 $\tan\alpha = H/L$,习惯上化为 $1:n$ 的形式,如图 3-4 所示。

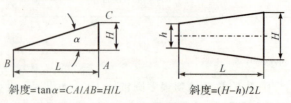

斜度=$\tan\alpha = CA/AB = H/L$ 斜度=$(H-h)/2L$

图 3-4 圆锥及圆锥台斜度表达方法

（2）斜度的画法（以 1∶6 为例）

斜度的作图步骤如图 3-5 所示。

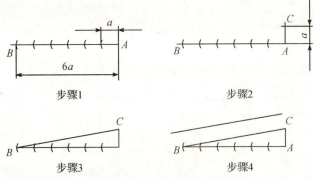

步骤1　　　　　　　　　步骤2

步骤3　　　　　　　　　步骤4

图 3-5　斜度的作图步骤

①自 A 点在水平线上取六等分点，得到 B 点；

②自 A 点在 AB 的垂直线上取一相同等分，得到 C 点；

③连接 BC 即得 1∶6 的斜度；

④过 BC 线外的点作 BC 平行线，得到 1∶6 的斜度线。

（3）斜度的标注

在图样中应采用图 3-6(a)中的图形符号表示斜度，该符号应配置在基准线上。表示圆锥的图形符号和斜度应靠近圆锥轮廓标注，基准线应与圆锥的轴线平行，图形符号的方向应与圆锥的方向一致，如图 3-6(b)所示。

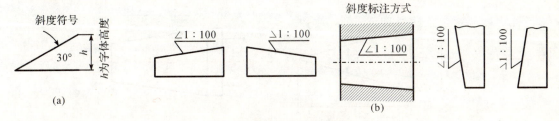

图 3-6　斜度符号及标注方式

4. 锥度

（1）锥度的概念

锥度指圆锥的底面直径与锥体高度之比，如圆锥台，则为上下两底圆的直径差与锥体高度之比，如图 3-7 所示。

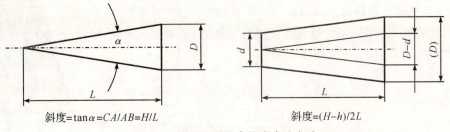

斜度=tanα=CA/AB=H/L　　　　　　斜度=(H−h)/2L

图 3-7　圆锥及圆锥台锥度表达方法

（2）锥度的画法（以 1：3 为例）

锥度的作图步骤如图 3-8 所示：

①自 A 点在水平线上取三等分点，等分距离为 a，得到 B 点；

②自 B 点在 AB 的垂直线上下各取一相同等分，得到 C 点和 C_1 点（$CC_1 = a$）；

③连接 AC，AC_1 即得 1：3 的锥度；

④过点 E，F 分别作 AC，AC_1 的平行线，即得所求圆锥台的锥度线。

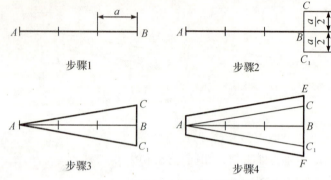

图 3-8　锥度的作图步骤

（3）锥度的标注

在图样中应采用图 3-9(a)中的图形符号表示锥度，该符号应配置在基准线上。表示圆锥的图形符号和锥度应靠近圆锥轮廓标注，基准线应与圆锥的轴线平行，图形符号的方向应与圆锥的方向一致，如图 3-9(b)所示。

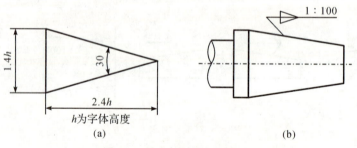

图 3-9　锥度符号及标注方式

三、项目实施

1.项目概述

本项目的任务是选用正确的量具去测量圆锥体工件（见图 3-10）的尺寸，计算圆锥斜度，并绘制出圆锥体的三视图，要求绘图正确、尺寸标注无误、图形清晰、布局合理。

图 3-10　圆锥体工件

2.工艺设计

(1)核对工量具清单(见表 3-1)

表 3-1　工量具清单

序号	名　　称	规　　格	数量
1	圆锥体工件	$\phi \times H$	1 个
2	外径千分尺	25～50mm(0.01mm)	1 把
3	游标卡尺	150mm(0.02mm)	1 把
4	绘图工具		1 套

(2)测量圆锥体底圆直径与高度

①根据被测零件的尺寸选用相应的外径千分尺;

②将外径千分尺砧面擦干净,校准零线;

③将圆锥体工件表面擦拭干净,将圆锥体工件的底面置于外径千分尺两测量面之间,使外径千分尺测微螺杆的轴线与工件中心线垂直或平行,并确保在底面直径最大处测量;

④旋转微分筒,使测砧端与工件测量面接近,旋转测力旋钮,听到"咔咔"2～3 声时为止,然后紧固锁紧螺钉,如图 3-11 所示;

图 3-11　测量圆锥体底圆直径

⑤轻取下外径千分尺,即可读数。读数时尽可能使视线与刻线表面保持垂直,以免造成读数误差,最后完成圆锥体工件底面直径的测量;

⑥用游标卡尺测量圆锥体工件的高度,如图 3-12 所示;

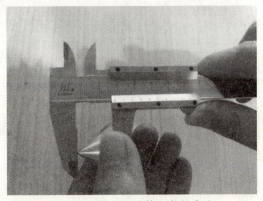

图 3-12　测量圆锥体工件的高度

⑦计算圆锥体工件的斜度。

（3）绘制圆锥体工件的三视图

①绘制圆锥体投影轴和中心线，如图 3-13 所示。

②测量圆锥体底面直径 ϕ，绘制圆锥体底面圆的投影，如图 3-14 所示。

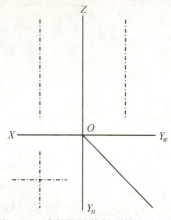

图 3-13　绘制圆锥体投影轴和中心线

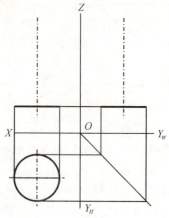

图 3-14　绘制圆锥体底面直径

③测量圆锥体高度 H，标记最高点 S，如图 3-15 所示。

④绘制圆锥体素线，利用"三等"关系，绘制圆锥面的投影，如图 3-16 所示。

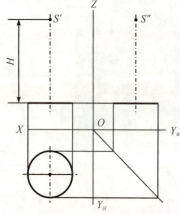

图 3-15　绘制圆锥体高度及标记最高点

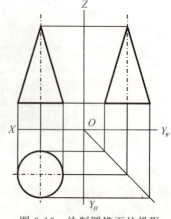

图 3-16　绘制圆锥面的投影

⑤擦去多余图线，完成三视图，如图 3-17 所示。

图 3-17　圆锥体三视图

（4）绘制圆锥体工件的标准工程图

①按国家标准，要求选择比例大小合适的图幅图框；

②绘制适合工件零件图比例的图幅图框、标题栏；

③对工件进行空间分析和投影分析，明确三视图特征，绘制三视图，标注尺寸；

④明确加工质量要求，分析填写技术要求；

⑤了解零件的名称、材料、比例等，填写标题栏，完成工程零件图，如图 3-18 所示。

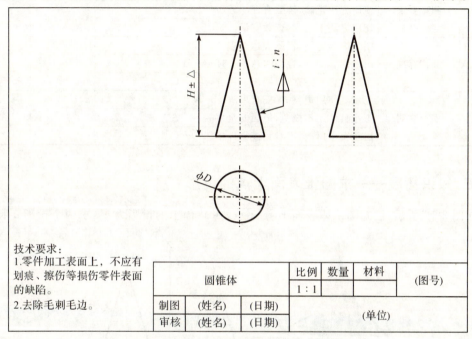

技术要求：
1.零件加工表面上，不应有划痕、擦伤等损伤零件表面的缺陷。
2.去除毛刺毛边。

圆锥体		比例	数量	材料	（图号）
		1:1			
制图	（姓名）	（日期）		（单位）	
审核	（姓名）	（日期）			

图 3-18　圆锥体工程图

3.任务执行

根据表 3-2 完成对圆锥体工件的测绘，并保证所绘图形尺寸正确、图形清晰、布局合理。

表 3-2　项目任务执行表（执行结果用 √ 表示）

序号	执行步骤	执行内容	执行标准	参考时间/min	执行结果
1	核对工量具清单	按工量具清单领用工具与量具，并检查	选择量具正确	20	
			选择工具正确		
2	测绘圆锥体	绘制圆锥体投影轴和中心线	见图 3-13	100	
		测量圆锥体底面直径 ϕ	测量方法符合要求		
		绘制圆锥体底面直径 ϕ	见图 3-14		
		测量圆锥体高度 H	测量方法符合要求		
		绘制圆锥体高度 H，标记最高点 S	见图 3-15		
		绘制圆锥面的投影	见图 3-16		
		擦去多余图线，完成三视图绘制	见图 3-17		
3	绘制工程图	设计公差并绘制工程图	见图 3-18	60	
				总计:180	

四、项目评价

根据表 3-3 完成任务检测。

表 3-3　任务检测标准

序号	检测内容	执行标准	自评	教师评
1	测量要求	使用方法正确,读数无误　—A		
		使用方法正确,读数有误　—B		
		使用方法不正确,读数有误　—C		
2	制图标准	图纸内容完整,视图表达合理　—A		
		图纸内容完整,视图表达不合理　—B		
		图纸内容不完整,视图表达不合理　—C		
3	安全文明	工量具使用规范,无安全事故　—A		
		工量具使用不规范,但无安全事故　—B		
		出现安全事故,工量具或零件损坏　—C		

五、知识拓展——求圆锥表面上点的投影

如图 3-19 所示,已知圆锥体表面上有 A 点,在 V 面上的投影为 a',求两个投影 a 和 a''。

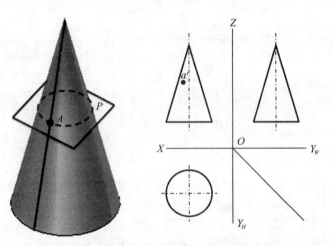

图 3-19　圆锥面点 A 的位置及其在正投影面的投影

解:由于 a' 为可见,A 点在前圆锥面上。求作圆锥面上点的投影,可用下面两种方法。

1. 辅助线法

作图步骤:

(1)在 V 面上过 $s'a'$ 作辅助线,与底圆的交点为 m'。

(2)由 m' 作出 H 面投影 m。

(3)连接 s,m,sm 为辅助线 SM 在 H 面上的投影。

(4)根据"长对正",由 a' 在 sm 上求出 a。

(5)由 a' 和 a,求出 a'',如图 3-20 所示。

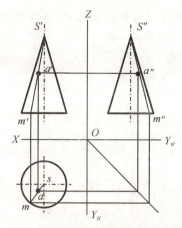

图 3-20　辅助线法求圆锥表面上的点

2.辅助面法

作图步骤：

(1)过空间 A 点作一垂直于轴线的辅助平面 P 与圆锥相交；P 平面与圆锥表面的交线是一个水平圆，该圆的 V 面投影为过 a' 并且平行于底圆投影的直线(即 $b'c'$)。

(2)以 $b'c'$ 为直径，作出水平圆的 H 面投影，投影 a 必定在该圆周上。

(3)根据"长对正"，由 a' 求出 a。

(4)由 a',a 求出 a''，如图 3-21 所示。

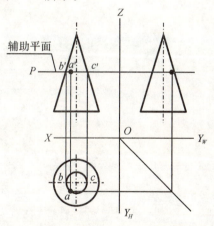

图 3-21　辅助面法求圆锥表面上的点

一、判断题

1.锥度指圆锥的底面直径与锥体高度之比。　　　　　　　　　　　　　(　)

2.圆锥表面由圆锥面和底面所围成。　　　　　　　　　　　　　　　　(　)

3.圆锥台的锥度为上下两底圆的直径差与锥体高度之比。　　　　　　　(　)

4.圆锥的图形符号和锥度应靠近圆锥轮廓标注,基准线应与圆锥的轴线平行,图形符号的方向应与圆锥的方向相反。 （　　　）

5.斜度是指一直线(或一平面)对另一直线(或另一平面)的倾斜程度,其大小用该两直线(或两平面)的夹角的正切值来表示。 （　　　）

二、选择题

1.下列属于圆锥体工件的是（　　　）。

A.吊线垂　　　　　　　　B.圆柱销　　　　　　　　C.铣床垫块

2.在圆锥面上通过锥顶的任一直线称为圆锥面的（　　　）。

A.母线　　　　　　　　　B.素线　　　　　　　　　C.轴线

3.轴线与水平投影面垂直放置的圆锥,水平投影为（　　　）。

A.圆　　　　　　　　　　B.等腰三角形　　　　　　C.直线

4.轴线与水平投影面垂直放置的圆锥,正面投影为（　　　）。

A.圆　　　　　　　　　　B.等腰三角形　　　　　　C.直线

5.轴线与水平投影面垂直放置的圆锥,侧面投影为（　　　）。

A.圆　　　　　　　　　　B.等腰三角形　　　　　　C.直线

项目四　球体的测绘与制图

学习项目名称	球体的测绘与制图
情境应用	滚珠轴承
基础知识点	球的空间分析 球的投影分析
认知技能点	球的投影分析
操作技能点	球体工件的测绘
课程场地	"机械测绘与制图"课程教室
设计课时	4 课时

图 4-1　钢珠

一、项目应用

　　钢珠如图 4-1 所示。在日常生活和生产中,球体工件十分常见,如滚珠轴承上的钢珠(见图 4-2)。因此,掌握球体工件的测绘和制图显得非常重要。

图 4-2　滚珠轴承

二、制图知识

1. 球的空间分析

球由球面组成。如图 4-3 所示,球面可看成是由一条圆母线绕着其直径回转而成。

2. 球的投影分析

如图 4-3 所示,球体向任何方向投影所得的图形都是与该球体直径相等的圆,因此其三面都为等直径的圆,它们分别是圆球三个方向轮廓线圆的投影,即球的三视图都为圆。

三、项目实施

1. 项目概述

本项目的任务是选用正确的量具去测量球体工件(见图 4-4)的尺寸,并绘制出球体的三视图,要求绘图正确、尺寸标注无误、图形清晰、布局合理。

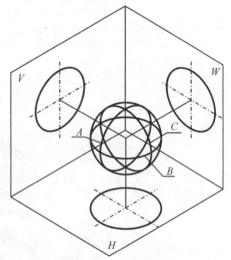

图 4-3　球的投影

图 4-4　球体工件

2.工艺设计

(1)核对工量具清单(见表 4-1)

表 4-1　工量具清单

序号	名　　称	规　　格	数量
1	球体工件	$S\phi$	1 个
2	外径千分尺	0～25mm(0.01mm)	1 把
3	绘图工具		1 套

(2)测量球体的直径

①根据被测零件的尺寸选用相应的外径千分尺;

②将外径千分尺砧面擦干净,校准零线;

③将球体工件表面擦拭干净,置于外径千分尺两测量面之间,使外径千分尺测微螺杆的轴线与球体工件中心线垂直或平行,并确保在球体直径最大处测量;

④旋转微分筒,使测砧端与工件测量面接近,旋转测力旋钮,听到"咔咔"2～3 声时为止,然后紧固锁紧螺钉,如图 4-5 所示;

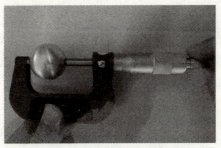

图 4-5　测量球体直径

⑤轻轻取下外径千分尺,即可读数,读数时尽可能使视线与刻线表面保持垂直,以免造成读数误差;

⑥重复以上步骤测量多次,取算术平均值,完成球体工件直径的测量。

(3)绘制球体的三视图

①绘制球体投影轴和中心线,如图 4-6 所示。

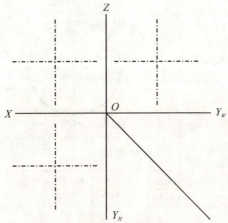

图 4-6　绘制球体投影轴和中心线

②测量球体直径 $S\phi$，利用"三等"关系，绘制球体投影，如图 4-7 所示。

③擦除多余图线，完成三视图绘制，如图 4-8 所示。

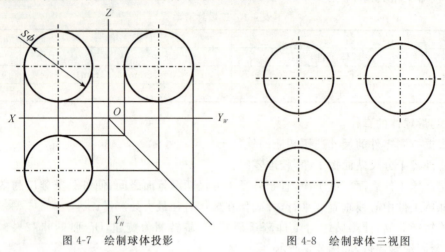

图 4-7　绘制球体投影　　　　图 4-8　绘制球体三视图

(4)绘制球体的标准工程图

①按国家标准的要求选择比例大小合适的图幅图框；

②绘制适合工件零件图比例的图幅图框、标题栏；

③对工件进行空间分析和投影分析，明确三视图特征，绘制三视图，标注尺寸；

④明确加工质量要求，分析填写技术要求；

⑤了解零件的名称、材料、比例等，填写标题栏，完成工程零件图，如图 4-9 所示。

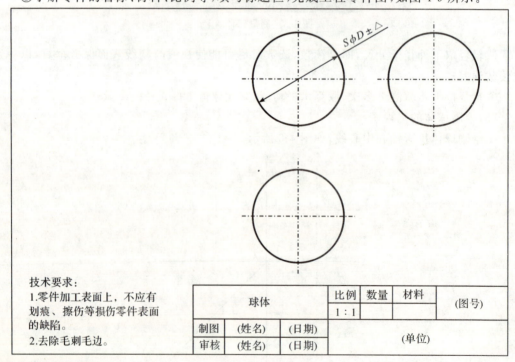

技术要求：
1.零件加工表面上，不应有划痕、擦伤等损伤零件表面的缺陷。
2.去除毛刺毛边。

球体			比例	数量	材料	(图号)
			1：1			
制图	(姓名)	(日期)	(单位)			
审核	(姓名)	(日期)				

图 4-9　球体工程图

3.任务执行

根据表 4-2 完成对球体零件的测绘,并保证所绘图形尺寸正确、图形清晰、布局合理。

表 4-2 项目任务执行表(执行结果用√表示)

序号	执行步骤	执行内容	执行标准	参考时间/min	执行结果
1	核对工量具清单	按工量具清单领用工具与量具,并检查	判断工具可否正常使用	20	
			校准量具是否准确		
2	测绘球体	测量球体直径 $S\phi$	测量方法符合要求	80	
		绘制球体投影轴和中心线	见图 4-6		
		绘制球体投影	见图 4-7		
		擦除多余图线,完成三视图绘制	见图 4-8		
3	绘制工程图	设计公差并绘制工程图	见图 4-9	40	
				总计:140	

四、项目评价

根据表 4-3 完成任务检测。

表 4-3 任务检测标准

序号	检测内容	执行标准	自评	教师评
1	测量要求	使用方法正确,读数无误 —A		
		使用方法正确,读数有误 —B		
		使用方法不正确,读数有误 —C		
2	制图标准	图纸内容完整,视图表达合理 —A		
		图纸内容完整,视图表达不合理 —B		
		图纸内容不完整,视图表达不合理 —C		
3	安全文明	工量具使用规范,无安全事故 —A		
		工量具使用不规范,但无安全事故 —B		
		出现安全事故,工量具或零件损坏 —C		

五、知识拓展——求球体表面上点的投影

如图 4-10 所示,已知球体表面上 A 点的正面投影 a' 和 B 点的侧面投影 b'',求作这两点其余两面的投影。

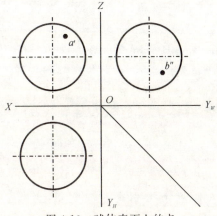

图 4-10 球体表面上的点

解:根据图上 a' 的位置可知,A 点位于球面的右上部分,在后半球面上,V 面投影为不可见。

作图步骤(辅助面法):

(1)过 A 点作一平行于水平面的辅助平面与球体相交,辅助平面与球体表面的交线在 V 面的投影为过 a' 的水平线段(见图 4-11);在 H 面的投影为以这条水平线段为直径的圆,点 A 的水平面投影 a 必定在这个圆周上。

(2)根据投影关系由 a' 求出 a。

(3)由 a',a 求出 a''。根据可见性判断 a 是可见的,a'' 是不可见的,如图 4-11 所示。

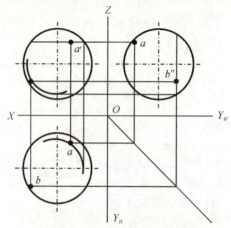

图 4-11 求球体表面上点的投影

根据已知点 b'' 点,求 b 和 b' 的作图方法,请读者试着自行分析。

项目练习
XIANGMU LIANXI

一、判断题

1.球由球面组成,球面可看成是由一条圆母线绕着其直径回转而成的。　　　　　(　　)

2.球体向任何方向投影所得的图形都是与球直径相等的圆。　　　　　　　　(　　)

二、选择题

1.球体的三视图都为(　　　)。

A.圆　　　　　　　　　　B.等腰三角形　　　　　　　　　C.矩形

2.下列(　　　)工件是球体。

A.铣床平行垫块　　　　　　B.圆柱销　　　　　　　　　　C.钢珠

项目五　十字滑块联轴器的测绘与制图

学习项目名称	十字滑块联轴器的测绘与制图
情境应用	挖掘机
基础知识点	截交线的概念及特征 圆柱截交线的形状及绘制 截交体尺寸标注 表面粗糙度的概念、符号及标注
认知技能点	内径千分尺的正确使用
操作技能点	十字滑块联轴器的测绘
课程场地	"机械测绘与制图"课程教室
设计课时	18 课时

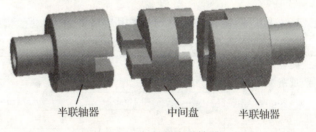

半联轴器　　　　中间盘　　　半联轴器

图 5-1　十字滑块联轴器

一、项目应用

十字滑块联轴器(见图 5-1)是由两个在端面上开有凹槽的半联轴器和一个两面带有凸牙的中间盘组成的。其广泛应用于通用机械、水工机械、工程机械、冶金机械、矿山机械、化工机械等多种场合,实现了轴与轴之间的连接,从而传递运动和转矩,如图5-2 所示。

图 5-2　十字滑块联轴器的应用

二、项目认知

1. 认识内径千分尺

内径千分尺主要用于测量孔径或其他形状的内轮廓尺寸。常用的内径千分尺结构有两点式和三点式两种,如图 5-3、图 5-4 所示。

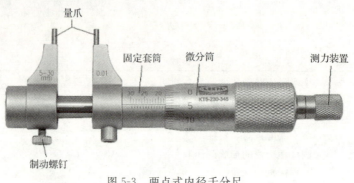

图 5-3 两点式内径千分尺

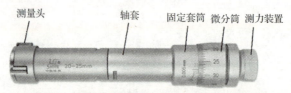

图 5-4 三点式内径千分尺

2. 内径千分尺的规格

内径千分尺的规格一般以测量范围来区分,常用规格如表 5-1 所示。

表 5-1 常用内径千分尺的规格

两点式内径千分尺			三点式内径千分尺		
序号	测量范围	分度值	序号	测量范围	分度值
1	5～30mm		1	6～8mm	
2	25～50mm		2	8～10mm	
3	50～75mm		3	10～12mm	
4	75～100mm		4	12～16mm	
5	100～125mm		5	16～20mm	
6	125～150mm		6	20～25mm	
7	150～175mm	0.01mm	7	25～30mm	0.005mm
8	175～200mm		8	30～40mm	
9	200～225mm		9	40～50mm	
10	225～250mm		10	50～63mm	
11	250～275mm		11	62～75mm	
12	275～300mm		12	75～88mm	
			13	87～100mm	

3. 内径千分尺的读数原理及方法

(1)读数原理

内径千分尺内部有一个螺纹副,即测微螺杆(千分尺内部沿轴向)和微分筒。螺纹副螺距为 0.5mm,当微分筒转动 1 周时,测微螺杆就沿轴向移动 0.5mm,固定套筒上刻有间隙为 0.5mm 的刻度线,内径千分尺微分筒圆周上被刻线均匀地分为 50 格或 100 格。因此,当微分筒每转一格时,测微螺杆就移动 0.5/50＝0.01mm 或 0.5/100＝0.005mm,即微分筒的每一格读数为 0.01mm 或 0.005mm。

(2)读数方法

根据读数原理可知,内径千分尺实测尺寸由两部分组成,即固定套筒数值(整数和半毫米数)加微分筒数值(小数部分)。可按照以下三个步骤进行读数:

①读出微分筒左边固定套筒上整数和半毫米部分的数值;

②看微分筒上哪条刻线与固定套筒上基线对齐,并读出微分筒上该刻线的小数点数值;

③把整数、半毫米数和小数相加。

例:内径千分尺读数示例如图 5-5 所示。

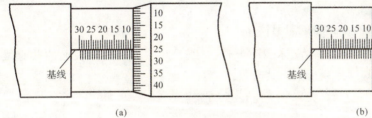

图 5-5　两点式内径千分尺

读数分析:

①如图 5-5(a)所示,固定套筒上读数为 7mm(整数)＋0(半毫米数)＝7mm

如图 5-5(b)所示,固定套筒上读数为 7mm(整数)＋0.5mm(半毫米数)＝7.5mm

②图 5-5(a)所示,微分筒上第 25 格与基线对齐,微分筒上读数为 0.25mm

图 5-5(b)所示,微分筒上第 25 格与基线对齐,微分筒上读数为 0.25mm

③图 5-5(a)读数为 7mm＋0.25mm＝7.25mm

图 5-5(b)读数为 7.5mm＋0.25mm＝7.75mm

4. 内径千分尺的使用方法

测量前,要先目测内轮廓尺寸,再选用合适规格的内径千分尺。

测量中,用左手捏着靠近量爪(或测量头)的部位,使量爪(或测量头)与被测零件内壁相接触。右手顺时针转动测力装置,一边转动一边在被测尺寸方向稍微摆动,直至连续听到"嘀嗒"声 3～5 次,停止转动测力装置。最后将制动螺钉拧紧,读出测量尺寸,如图 5-6、图 5-7 所示。

测量后,把量具放入量具盒,避免磕碰。

图 5-6　两点式内径千分尺测量零件　　　图 5-7　三点式内径千分尺测量零件

【测量技巧】

测量孔径:选用两点式或三点式内径千分尺均可。由于孔径一般情况下都会存在一定的形状误差,所以需要测量至少三个不同位置的尺寸并取平均值。

测量内轮廓宽度:选用两点式内径千分尺。测量时,固定量爪始终与内轮廓某一点接触不变,而活动量爪前、后摆动,找出最小尺寸即为内轮廓宽度。

三、制图知识

1.截交线

平面与立体表面相交,可以认为立体被平面截切,此平面通常称为截平面,截平面与立体表面的交线称为截交线。

截交线有两个基本特征:

(1)截交线一定是一个封闭的平面图形。

(2)截交线既在截平面上,又在立体表面上,截交线是截平面和立体表面的共有线。截交线上的点都是截平面与立体表面上的共有点。

2.圆柱截交线

平面截切圆柱时,根据截平面与圆柱轴线的相对位置不同,其截交线有矩形、圆和椭圆三种不同的形状,如表 5-2 所示。

表 5-2　圆柱截交线

截平面的位置	平行于轴线	垂直于轴线	倾斜于轴线
截交线的形状	矩形	圆	椭圆
立体图		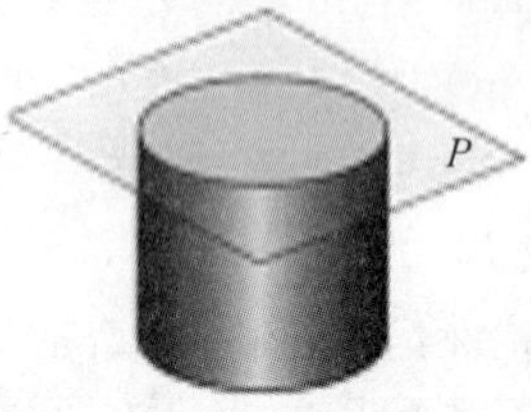	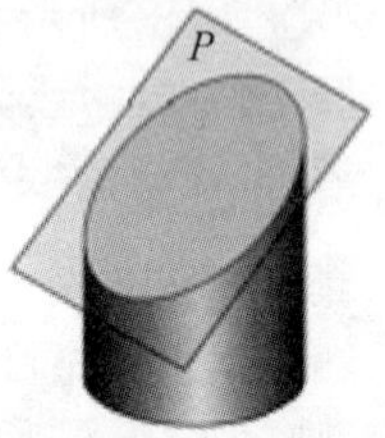
投影图	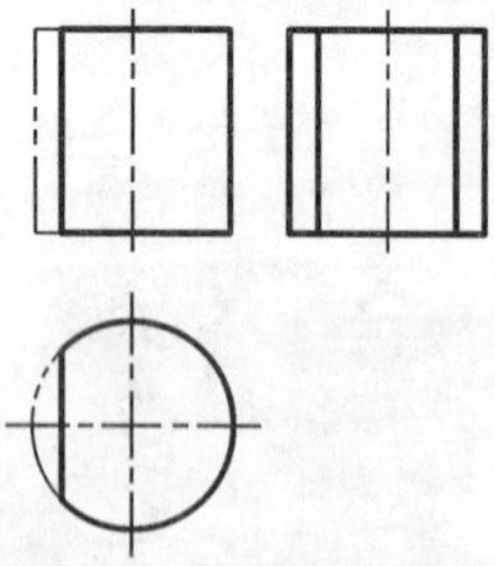	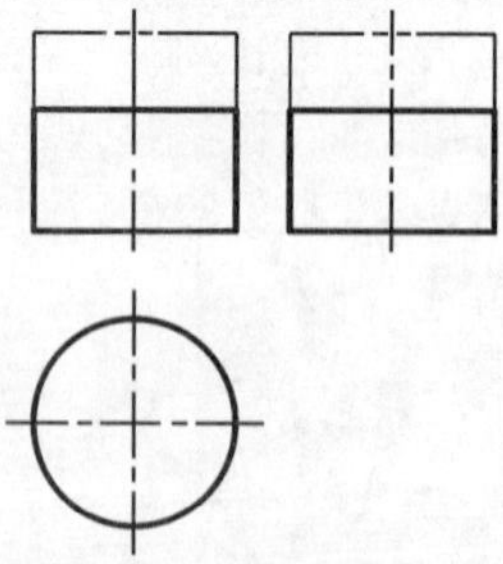	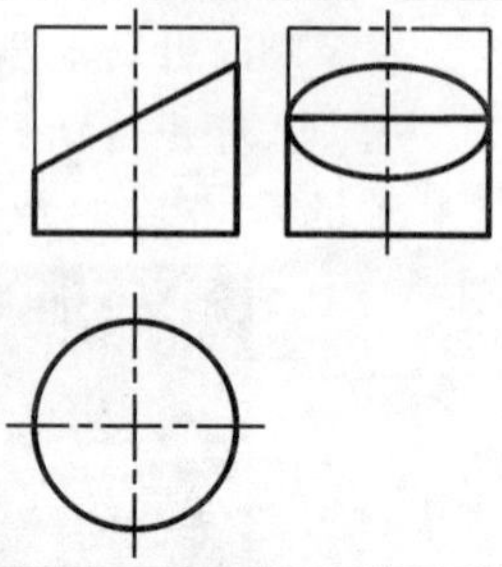

3.截交体尺寸标注

截平面截切立体形成的截交线可以认为是加工后自然形成的轮廓线,它的尺寸在加工过程中无法直接控制,因此不能直接标注截交线尺寸,而是应标注截切平面的位置尺寸。如图 5-8(a)所示,尺寸标注错误;如图 5-8(b)所示,尺寸标注正确。

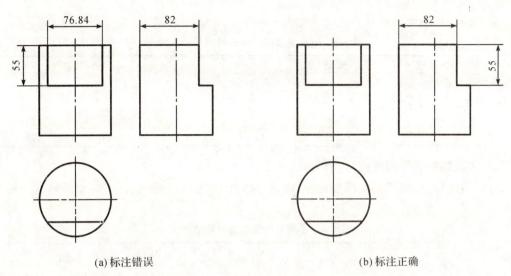

(a)标注错误　　　　　　　　　　　(b)标注正确

图 5-8　截交体尺寸标注

4.表面粗糙度

(1)表面粗糙度的概念

零件在加工过程中,由于受刀具形状、刀具与工件之间摩擦、机床振动等因素的影响,已加工表面不可能绝对的光滑,将其置于显微镜下观察(见图 5-9),都会呈现出不规则的高低不平的状况,高起部分称为峰,低凹部分称为谷。零件表面上这种由较小间距的峰谷所组成的微观几何形状特征称为表面粗糙度。

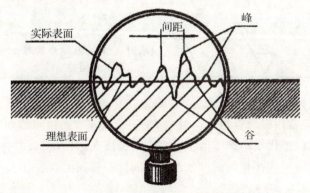

图 5-9　表面粗糙度示意图

机械图样中,评定零件表面粗糙度常用的参数有轮廓算数平均偏差 Ra 和轮廓最大高度 Rz 两种。在实际使用中,国家标准推荐优先选用 Ra 参数,Ra 参数值越大,表面越粗糙,加工成本越低;Ra 参数值越小,表面越光滑,加工成本越高。

(2)表面粗糙度图形符号的画法及尺寸

表面粗糙度图形符号的画法如图 5-10 所示。

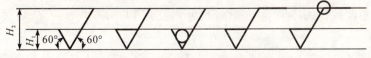

图 5-10　表面粗糙度图形符号的画法

常用表面粗糙度图形符号的尺寸如表 5-3 所示。

表 5-3　常用表面粗糙度图形符号的尺寸
单位:mm

数字与字体高度 h	2.5	3.5	5	7	10
粗糙度图形符号线宽 d' 数字与字母笔画宽度 d	0.25	0.35	0.5	0.7	1
高度 H_1	3.5	5	7	10	14
高度 H_2(最小值)	8	11	15	21	30

(3)表面粗糙度的图形符号及其含义

在机械图样中,用不同的图形符号来表示对零件表面的不同要求,不同表面粗糙度符号的含义如表 5-4 所示。

表 5-4　不同表面粗糙度符号的含义

名称	符号	含义及说明
基本图形符号	√	未指定工艺方法的表面,不能单独使用,仅用于简化代号标注
扩展图形符号	√	用去除材料的方法获得的表面,如通过车、铣、磨等机械加工的表面,仅当其含义是"被加工表面"时可单独使用
	√	用不去除材料的方法获得的表面,如铸、锻、冲压等,也可用于保持原供应状况的表面
完整图形符号	√ √ √	在基本图形符号或扩展符号的长边上加一横线,用于标注补充信息
工件轮廓各表面图形符号	√ √ √	当在某个视图上组成封闭轮廓的各表面有相同要求时,应在完整图形符号上加一圆圈,标注在图样中工件的封闭轮廓线上

(4)表面粗糙度标注

表面粗糙度评定常用轮廓算数平均偏差 Ra 表示,Ra 有上极限值和下极限值,常用上极限值评定表面粗糙度,如代号示例 1 所示。表面粗糙度在图样中标注时,一般对每一个表面只标注一次,并尽可能标注在相应的尺寸及公差的同一视图上。

代号示例 1:

含义:用去除材料的方法获得的表面粗糙度,Ra 的上极限值为 $3.2\mu m$,下极限值为 $1.6\mu m$。

含义:用去除材料的方法获得的表面粗糙度,Ra 的上极限值为 $3.2\mu m$。

表面粗糙度在图样上的标注方法:

①表面粗糙度的注写和读取方向与尺寸的注写和读取方向一致,如图 5-11(a)所示 $Ra1.6$,$Ra3.2$。

②表面粗糙度可标注在轮廓线或其延长线上,其符号应从材料外指向其接触表面,如

图 5-11(a)所示 $Ra6.3$,$Ra12.5$。

　　③必要时表面粗糙度符号也可用带箭头或黑点的指引线引出标注,如图 5-11(b)所示 $Ra6.3$。

　　④在不致引起误解时,表面粗糙度可以标注在给定的尺寸线上,如图 5-11(b)所示 $Ra1.6$。

　　⑤在不致引起误解时,表面粗糙度可以标注在几何公差框格的上方,如图 5-11(b)所示 $Ra3.2$。

　　⑥当同一个零件上有多个表面具有相同的表面粗糙度要求或图纸空间有限时,可以采用简化注法,即用基本图形符号或扩展图形符号以等式的形式给出对多个表面相同的要求,并在图形或标题栏附近标出,如图 5-11(c)所示。

　　⑦若同一零件的多个表面有相同的要求,可在标题栏附近统一标注。即在粗糙度符号后面用圆括号标出无任何其他标注的基本符号,如图 5-11(d)所示。

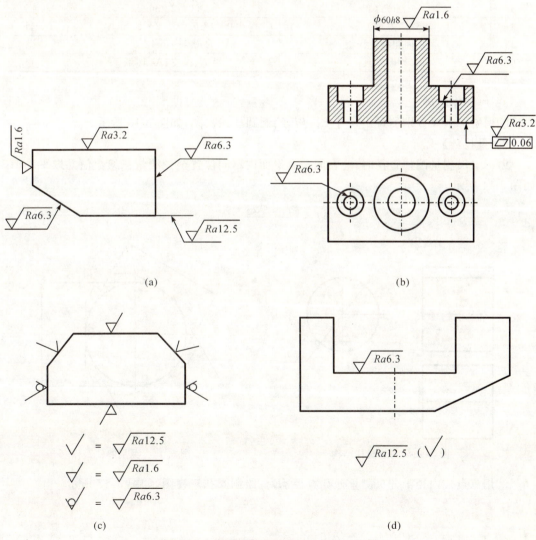

图 5-11　表面粗糙度在图样上的标注示例

四、项目实施

1.项目概述

本项目的任务是测绘十字滑块联轴器,并绘制出工程图。

2.工艺设计

测绘任务一:测绘中间盘。

中间盘立体图如图 5-12 所示。

图 5-12　中间盘立体图

(1)核对工量具清单(见表 5-5)

表 5-5　工量具清单

序号	名　称	规　格	数量
1	游标卡尺	0～100mm(0.02mm)	1 把
2	三点式内径千分尺	12～16mm	1 把
3	直角尺	50×32mm	1 把
4	塞尺	200×17mm(0.02～1.0mm)	1 套
5	表面粗糙度样板	Ra0.1～Ra12.5	1 套
6	绘图工具	铅笔、橡皮、A4 图纸	1 套

(2)测绘中间盘

①用游标卡尺分别测量出尺寸 L_1,ϕd,绘制圆柱三视图,如图 5-13 所示。

【测量技巧】

游标卡尺测量圆柱直径时,应在同一个平面内不同位置至少测量三组数值并取平均值,如图 5-14 所示。

$$\phi d = \frac{\phi d_1 + \phi d_2 + \phi d_3}{3}$$

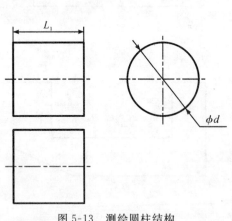

图 5-13　测绘圆柱结构

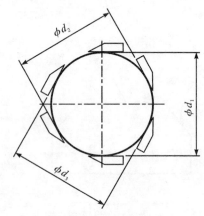

图 5-14　测量圆柱直径

②用三点式内径千分尺测量通孔直径 ϕD。绘制圆孔三视图,如图 5-15 所示。

③用游标卡尺分别测量 L_2，L_3，绘制左侧截交线三视图，如图 5-16 所示。

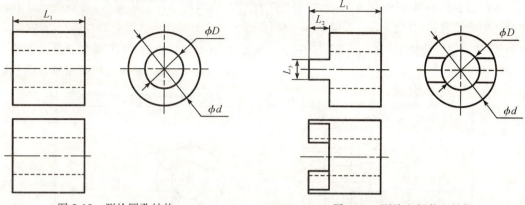

图 5-15　测绘圆孔结构　　　　　　　图 5-16　测绘左侧截交结构

④用游标卡尺分别测量 L_4，L_5，绘制右侧截交线三视图，如图 5-17 所示。

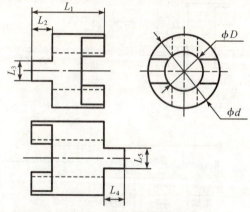

图 5-17　测绘右侧截交结构

⑤用直角尺和塞尺测量垂直度误差。

用直角尺的直角边 1 贴紧零件基准面 A，直角边 2 靠紧工件测量面，若该零件垂直度有误差，则在直角边 2 和工件测量面之间留有间隙。然后用塞尺进行试塞，塞尺所用到的最大值即为所测垂直度误差值，如图 5-18 所示。

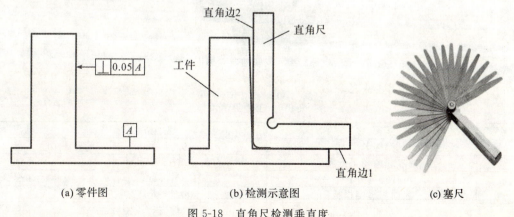

(a) 零件图　　　　　　(b) 检测示意图　　　　　　(c) 塞尺

图 5-18　直角尺检测垂直度

（3）绘制工程图（见图5-19）

工程图包括一组视图、尺寸、标题栏和技术要求。为满足零件使用要求，对零件尺寸和位置设计相应的公差，分别为：L_1 上偏差 0，下偏差 $-\triangle 1$；L_2 上偏差 $+\triangle 2$，下偏差 0；L_3 上偏差 0，下偏差 $-\triangle 3$；L_4 上偏差 $+\triangle 4$，下偏差 0；L_5 上偏差 0，下偏差 $-\triangle 5$；ϕD 上偏差 $+\triangle 6$，下偏差 0；左侧轴向截切面相对径向截切面垂直度公差为 t_1，基准为 A；右侧轴向截切面相对径向截切面垂直度公差为 t_2，基准为 B；未注尺寸公差为 IT10 级，表面粗糙度全部为 $Ra6.3$。

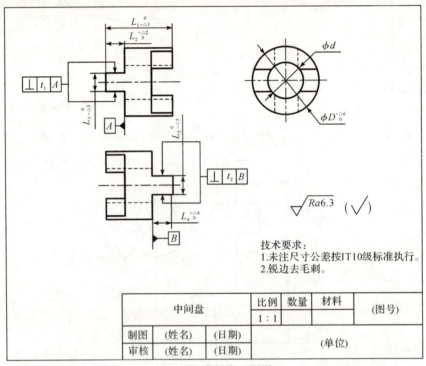

技术要求：
1.未注尺寸公差按IT10级标准执行。
2.锐边去毛刺。

中间盘		比例	数量	材料	（图号）
		1∶1			
制图	（姓名）	（日期）		（单位）	
审核	（姓名）	（日期）			

图 5-19　中间盘工程图

测绘任务二：测绘半联轴器。

半联轴器立体图如图 5-20 所示。

图 5-20　半联轴器立体图

（1）核对工量具清单（见表5-6）

表 5-6　工量具清单

序号	名　称	规　格	数量
1	游标卡尺	0～100mm	1 把
2	两点式内径千分尺	5～30mm	1 把
3	杠杆百分表	0～0.8mm	1 套
4	表面粗糙度样板	$Ra0.1$～$Ra12.5$	1 套
5	绘图工具	铅笔、橡皮、A4图纸	1 套

（2）测绘半联轴器

①用游标卡尺分别测量出尺寸 L_2，ϕd_2，绘制左侧圆柱三视图，如图 5-21 所示。

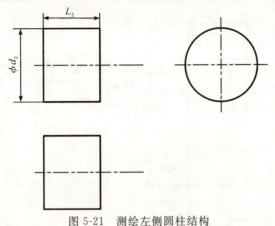

图 5-21　测绘左侧圆柱结构

②用游标卡尺分别测量出尺寸 L_1，ϕd_1，绘制右侧圆柱三视图，如图 5-22 所示。

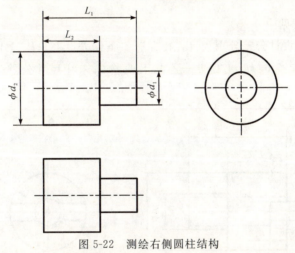

图 5-22　测绘右侧圆柱结构

③用两点式内径千分尺测量通孔直径 ϕD，绘制圆孔三视图，如图 5-23 所示。

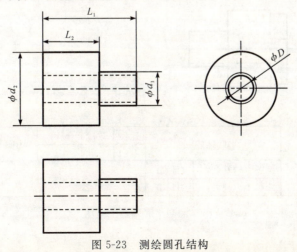

图 5-23　测绘圆孔结构

④用游标卡尺测量出 L_3、L_4，绘制左侧截交线三视图，如图 5-24 所示。

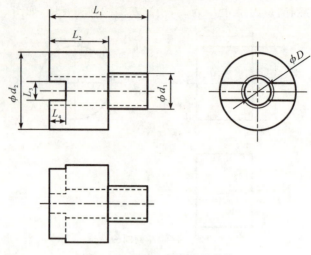

图 5-24　测绘左侧截交线结构

（3）绘制工程图（见图 5-25）

零件尺寸和位置设计公差分别为：L_1 上偏差 0，下偏差 $-\triangle 1$；L_3 上偏差 $+\triangle 2$，下偏差 0；L_4 上偏差 $+\triangle 3$，下偏差 0；ϕD 上偏差 $+\triangle 4$，下偏差 0；未注尺寸公差为 IT10 级，表面粗糙度全部为 $Ra6.3$。

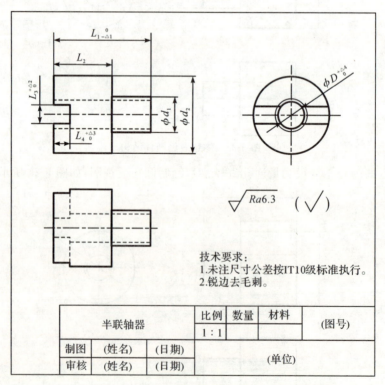

技术要求：
1.未注尺寸公差按IT10级标准执行。
2.锐边去毛刺。

半联轴器	比例	数量	材料	（图号）
	1：1			
制图	（姓名）	（日期）		（单位）
审核	（姓名）	（日期）		

图 5-25　半联轴器工程图

3.任务执行

任务一:测绘中间盘。

根据表 5-7 完成中间盘测绘。

表 5-7　项目任务执行表(执行结果用√表示)

序号	执行步骤	执行内容	执行标准	参考时间/min	执行结果
1	核对工量具清单	按工量具清单领用工具与量具,并检查	所选工量具符合工量具清单要求,见表 5-5	20	
2	测绘中间盘	测量尺寸 L_1,ϕd	测量方法正确	120	
			测量尺寸正确		
		绘制圆柱三视图	见图 5-13		
		测量尺寸 ϕD	测量方法正确		
			测量尺寸正确		
		绘制圆孔三视图	见图 5-15		
		测量尺寸 L_2,L_3	测量方法正确		
			测量尺寸正确		
		绘制左侧截交线三视图	见图 5-16		
		测量尺寸 L_4,L_5	测量方法正确		
			测量尺寸正确		
		绘制右侧截交线三视图	见图 5-17		
3	绘制工程图	设计公差并绘制工程图	见图 5-19	60	
				总计:200	

任务二:测绘半联轴器。

根据表 5-8 完成半联轴器测绘。

表 5-8　项目任务执行表(执行结果用√表示)

序号	执行步骤	执行内容	执行标准	参考时间/min	执行结果
1	核对工量具清单	按工量具清单领用工具与量具,并检查	所选工量具符合工量具清单要求,见表 5-6	20	
2	测绘半联轴器	测量尺寸 L_2,ϕd_2	测量方法正确	80	
			测量尺寸正确		
		绘制左侧圆柱三视图	见图 5-21		
		测量尺寸 L_1,ϕd_1	测量方法正确		
			测量尺寸正确		
		绘制右侧圆柱三视图	见图 5-22		
		测量尺寸 ϕD	测量方法正确		
			测量尺寸正确		
		绘制圆孔三视图	见图 5-23		
		测量尺寸 L_3,L_4	测量方法正确		
			测量尺寸正确		
		绘制左侧截交线三视图	见图 5-24		
3	绘制工程图	设计公差并绘制工程图	见图 5-25	60	
				总计:160	

五、项目评价

根据表 5-9 完成任务检测。

表 5-9　任务检测标准

序号	检测内容	执行标准	自评	教师评
1	测量要求	使用方法正确,读数无误　—A		
		使用方法正确,读数有误　—B		
		使用方法不正确,读数有误　—C		
2	绘图情况	图纸内容完整,视图表达合理　—A		
		图纸内容完整,视图表达不合理　—B		
		图纸内容不完整,视图表达不合理　—C		
3	安全文明	工具摆放整齐,量具、仪表使用规范,无安全事故　—A		
		工量具或零件损坏,但无安全事故　—B		
		工量具或零件损坏,出现安全事故　—C		

六、知识拓展——圆锥和球的截交线

1.圆锥的截交线

平面截切圆锥时,根据截平面与圆锥轴线的相对位置不同,其截交线有三角形、圆、椭圆、抛物线和双曲线五种不同的形状,如表 5-10 所示。

表 5-10　圆锥的截交线

截平面的位置	过锥顶	垂直于轴线	倾斜于轴线($\theta > \alpha$)	倾斜于轴线($\theta = \alpha$)	平行于轴线
截交线的形状	三角形	圆	椭圆	抛物线	双曲线
立体图	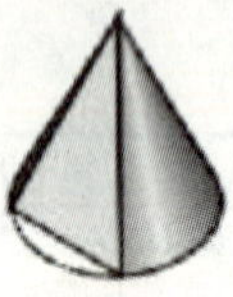	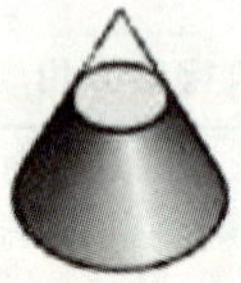	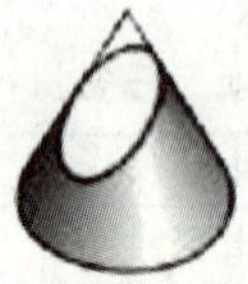	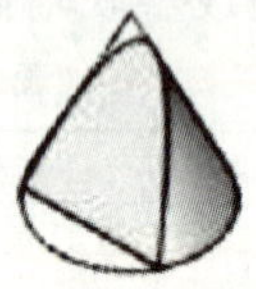	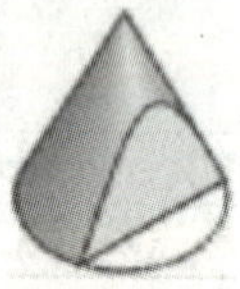
投影图	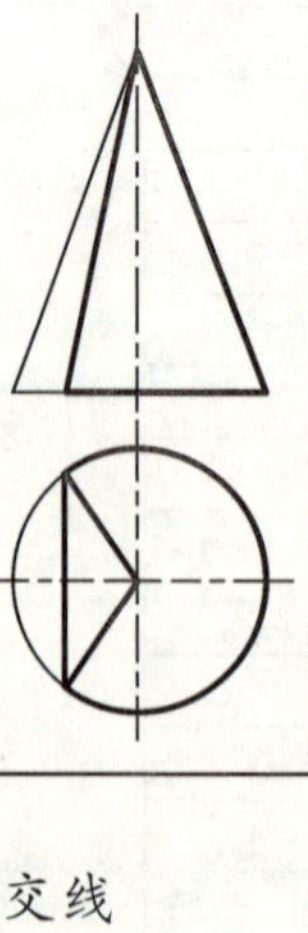	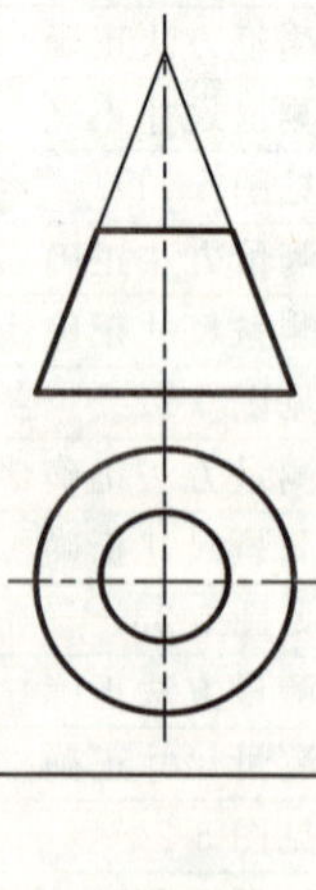	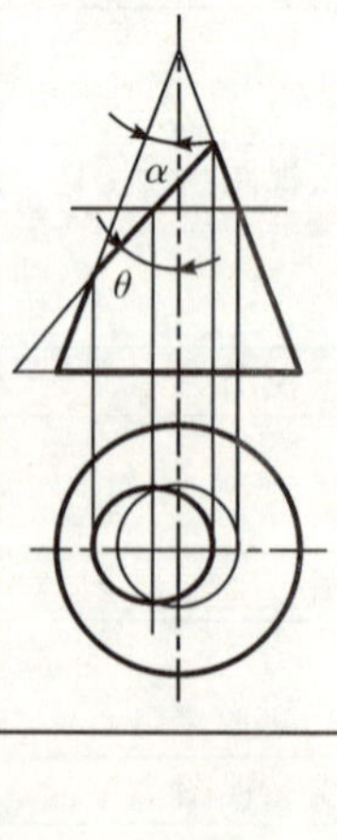	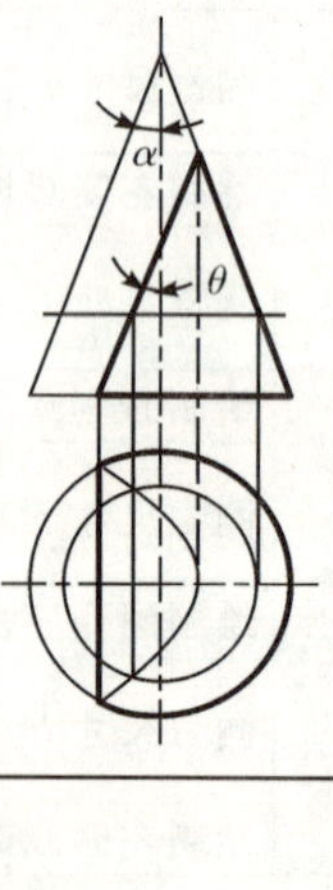	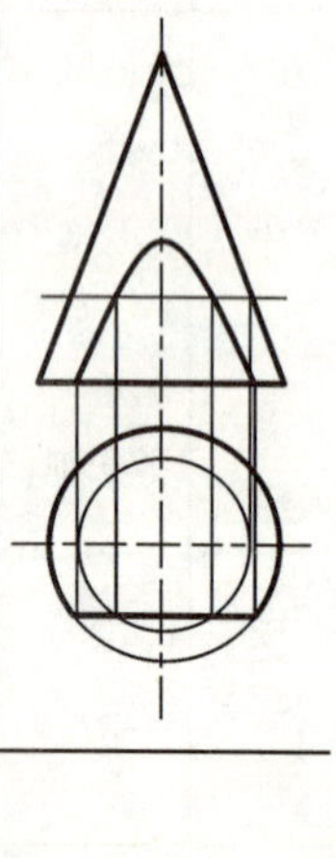

2.球的截交线

基本性质:平面在任何位置截切球的截交线都是圆。当截平面平行于某一投影面时,截交线在该投影面上的投影为圆的实形,而在其他两投影面上都积聚为直线,如图 5-26 所示。

64

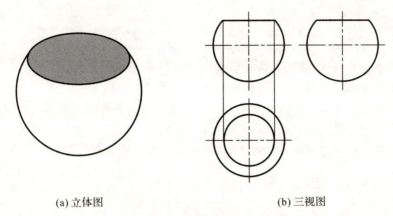

(a) 立体图   (b) 三视图

图 5-26   球的截交线

项目练习
XIANGMU LIANXI

一、填空题

1.联轴器用来实现轴与轴之间的连接,从而传递＿＿＿＿＿＿＿＿和＿＿＿＿＿＿＿＿。

2.截平面与立体表面的交线称为＿＿＿＿＿＿＿＿。

3.平面截切圆柱时,根据截平面与圆柱轴线的相对位置不同,其截交线有＿＿＿＿＿、＿＿＿＿＿＿＿和＿＿＿＿＿＿＿三种不同的形状。

4.填写如图 5-27 所示两点式内径千分尺的结构名称。

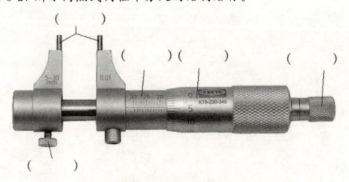

图 5-27   两点式内径千分尺

5.读出图 5-28 中千分尺所示尺寸数值。

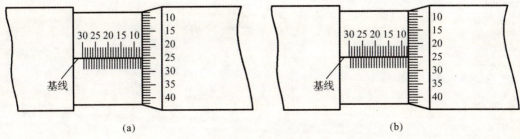

(a)   (b)

图 5-28   千分尺寸

二、判断题

1. 截交线一定是一个封闭的平面图形。 （　　）

2. 截交线在立体表面，但不在截平面上。 （　　）

3. 截交体上标注尺寸时，直接标出截交线的尺寸。 （　　）

4. 圆锥的截交线有三角形、圆、椭圆、抛物线、双曲线和长方形六种不同的形状。 （　　）

5. 平面在任何位置截切球的截交线都是圆。 （　　）

6. 表面粗糙度符号只能标在轮廓线上，不能标在轮廓延长线上。 （　　）

项目六　三通管接头的测绘与制图

学习项目名称	三通管接头的测绘与制图
情境应用	热水器
基础知识点	相贯线的概念及性质 两圆柱正交相贯线的绘制 相贯体尺寸的标注方法
操作技能点	三通管接头的测绘
课程场地	"机械测绘与制图"课程教室
设计课时	14 课时

图 6-1　三通管接头

一、项目应用

三通管接头(见图 6-1)有三个管口：一个进口,两个出口;或两个进口,一个出口。按管径尺寸划分有等径管口和不等径管口两种。三通管接头用在三条相同或不同管路的汇集处,起到改变流体流动方向的作用。工程上常应用于输水管路、输油管路及各种液体化工材料输送管路,如图 6-2 所示。

二、制图知识

1.相贯线

(1)相贯线的概念

两个立体相交(或称相贯)时表面产生的交线称为相贯线。

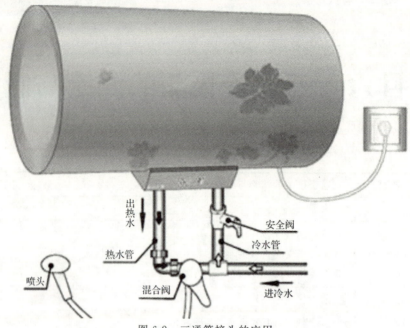

图 6-2　三通管接头的应用

（2）相贯线的性质

①相贯线是两个相交立体表面的共有线，也是两个相交立体表面的分界线。相贯线上的点是两个相交立体表面上的共有点。

②两个相交立体上的相贯线一般为封闭的空间曲线，特殊情况下也可能是平面曲线或直线。

2.两圆柱正交的画法

两圆柱相交时，轴线的相对位置有垂直、交叉和平行三种情况，其中，两圆柱轴线垂直相交最为常见，两圆柱垂直相交也称为两圆柱正交。下面就以不等径两圆柱正交为例，进行投影分析和视图绘制。

（1）正交两圆柱的投影分析和视图绘制

如图 6-3（a）所示，两圆柱的轴线垂直正交，且分别垂直于水平面投影面和侧面。绘制两圆柱视图的难点是绘制它们的相贯线，根据曲线的投影规律可知：图 6-3 中相贯线在水平面

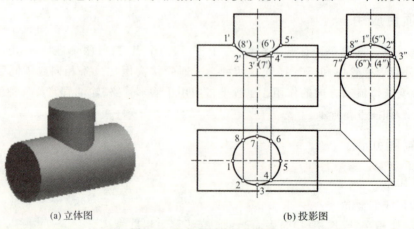

(a) 立体图　　　　　　　　　　　　(b) 投影图

图 6-3　正交两圆柱的相贯线

上的投影积聚在小圆柱水平投影的圆周上,在侧面上的投影积聚在大圆柱侧面投影的圆周上,相贯线的正面投影可先在圆柱表面取点(先取特殊位置点,再取一般位置点),然后判别其可见性,最后将各点光滑地连接起来,即得相贯线,如图 6-3(b)所示。

(2)正交圆柱相贯线的近似画法

若对正交圆柱相贯线的准确性无特殊要求,相贯线的投影可采用近似画法,如图 6-4 所示,在与圆柱轴线平行的投影面上,正交两圆柱的相贯线可用大圆柱直径的一半($d/2$)为半径作圆弧来代替。圆弧弯曲方向指向大圆柱的轴线。

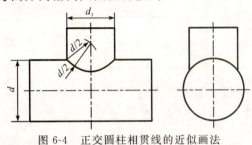

图 6-4　正交圆柱相贯线的近似画法

3.相贯体尺寸标注

在相贯体上标注尺寸时,应标注产生相贯线的两个基本体的定形、定位尺寸,不能在相贯线上直接标注尺寸,如图 6-5 所示。

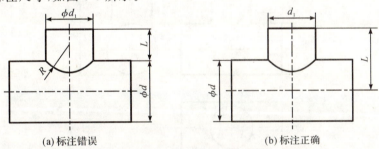

(a)标注错误　　　　　　　　　　　　　(b)标注正确

图 6-5　相贯体尺寸标注

三、项目实施

1.项目概述

本项目的任务是测绘三通管接头,并绘制出工程图。

2.工艺设计

(1)核对工量具清单(见表 6-1)

表 6-1　工量具清单

序号	名　称	规　格	数量
1	游标卡尺	0~100mm	1 把
2	两点式内径千分尺	5~30mm	1 把
3	直角尺	50×32mm	1 把
4	塞尺	200×17mm(0.02~1.0mm)	1 套
5	表面粗糙度样板	Ra0.1~Ra12.5	1 套
6	绘图工具	铅笔、橡皮、A4 图纸	1 套

（2）测绘三通管接头

①用游标卡尺、内径千分尺分别测量圆柱尺寸 L，ϕd，绘制大圆柱三视图，如图 6-6 所示。

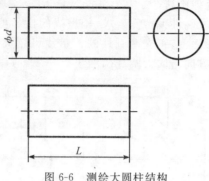

图 6-6　测绘大圆柱结构

②用游标卡尺、内径千分尺分别测量圆柱尺寸 L_1，ϕd_1，绘制小圆柱三视图并擦去交线，如图 6-7 所示。

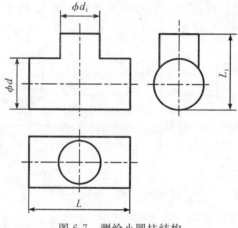

图 6-7　测绘小圆柱结构

③绘制两圆柱相贯线，如图 6-8 所示。

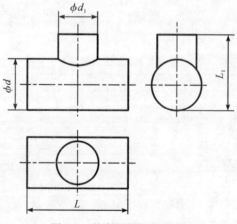

图 6-8　绘制两圆柱相贯线

④用内径千分尺测量通孔直径 ϕD，绘制大圆孔三视图，如图 6-9 所示。

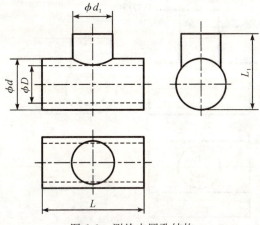

图 6-9　测绘大圆孔结构

⑤用内径千分尺测量小圆孔直径 ϕD_1，绘制小圆孔三视图并擦去多余交线，如图6-10所示。

⑥绘制两圆孔相贯线，如图 6-11 所示。

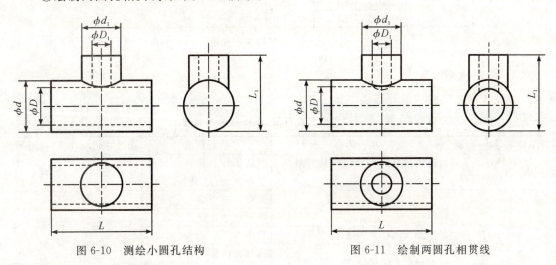

图 6-10　测绘小圆孔结构　　　　　　　　图 6-11　绘制两圆孔相贯线

⑦用直角尺和塞尺测量垂直度误差。

（3）绘制工程图（见图 6-12）

零件尺寸和位置设计相应的公差分别为：L 上偏差＋△1，下偏差 0；ϕd 上偏差 0，下偏差－△2；ϕd_1 上偏差 0，下偏差－△3；ϕD 上偏差＋△4，下偏差 0；ϕD_1 上偏差＋△5，下偏差 0；ϕd_1 圆柱轴线相对 ϕd 圆柱轴线垂直度公差为 t，基准为 A；未注尺寸公差为 IT10 级，表面粗糙度全部为 $Ra6.3$。

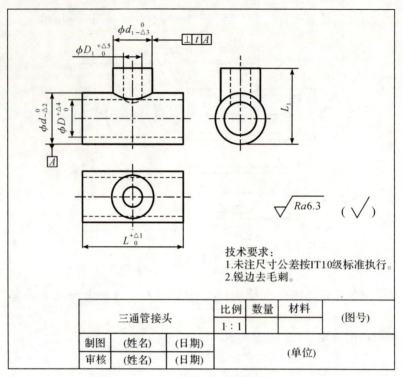

技术要求：
1.未注尺寸公差按IT10级标准执行。
2.锐边去毛刺。

三通管接头	比例	数量	材料	（图号）
	1：1			
制图	(姓名)	(日期)	（单位）	
审核	(姓名)	(日期)		

图 6-12　三通管接头工程图

3.任务执行

根据表 6-2 完成三通管接头测绘。

表 6-2　项目任务执行表（执行结果用√表示）

序号	执行步骤	执行内容	执行标准	参考时间/min	执行结果
1	核对工量具清单	按工量具清单领用工具与量具，并检查	所选工量具符合工量具清单要求，见表 6-1	20	
2	测绘三通管接头	测量尺寸 L，ϕd	测量方法正确	160	
			测量尺寸正确		
		绘制大圆柱三视图	见图 6-6		
		测量尺寸 L_1，ϕd_1	测量方法正确		
			测量尺寸正确		
		绘制小圆柱三视图，并擦去交线	见图 6-7		
		绘制两圆柱相贯线	见图 6-8		
		测量孔径 ϕD	测量方法正确		
			测量尺寸正确		
		绘制大圆孔三视图	见图 6-9		
		测量孔径 ϕD_1	测量方法正确		
			测量尺寸正确		
		绘制小圆孔三视图，并擦去交线	见图 6-10		
		绘制两圆孔相贯线	见图 6-11		
3	绘制工程图	设计公差并绘制工程图	见图 6-12	60	
				总计：240	

四、项目评价

根据表 6-3 完成任务检测。

表 6-3 任务检测标准

序号	检测内容	执行标准	自评	教师评
1	测量要求	使用方法正确,读数无误 —A		
		使用方法正确,读数有误 —B		
		使用方法不正确,读数有误 —C		
2	绘图情况	图纸内容完整,视图表达合理 —A		
		图纸内容完整,视图表达不合理 —B		
		图纸内容不完整,视图表达不合理 —C		
3	安全文明	工具摆放整齐,量具、仪表使用规范,无安全事故 —A		
		工量具或零件损坏,但无安全事故 —B		
		工量具或零件损坏,出现安全事故 —C		

五、知识拓展——两圆柱正交相贯线变化趋势

随着正交两圆柱直径大小的变化,相贯线也随之发生变化。两圆柱正交相贯线变化趋势如表 6-4 所示。

表 6-4 两圆柱正交相贯线变化趋势

图形名称	图示
立体图	
正面观察立体图	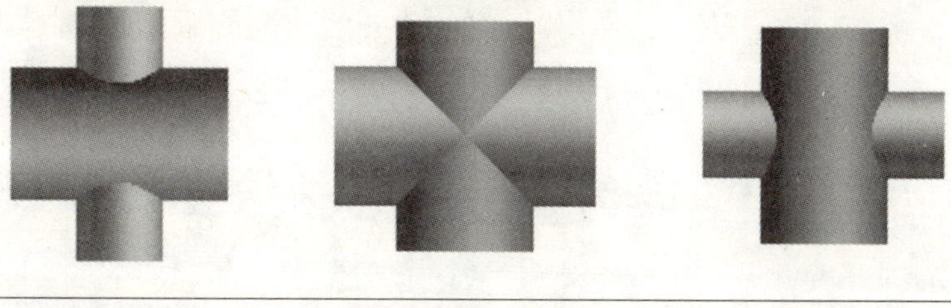
三视图	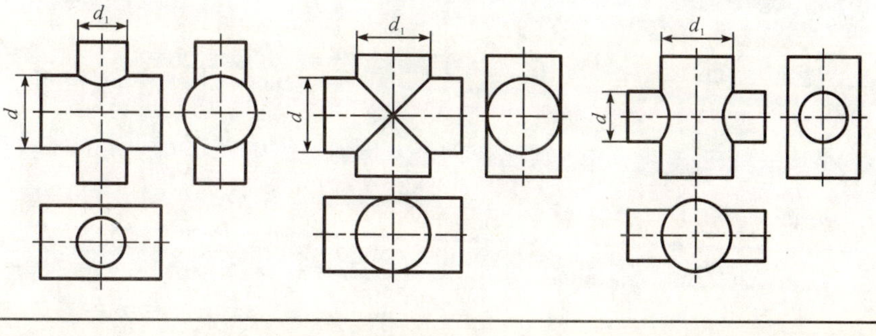

(1)在非圆视图上,相贯线的投影曲线始终由小圆柱向大圆柱轴线弯曲凸进。

(2)当两圆柱直径相等时,相贯线空间形状为两个相交的椭圆,它在与两轴线都平行的投影面上的投影积聚为相交直线。

项目练习
XIANGMU LIANXI

一、填空题

1.三通管接头有三个管口:一个进口,两个_____。

2.两个立体相交(或称相贯)时表面产生的交线称为_____。

3.相贯线是两个相交立体表面的_____线,也是两个相交立体表面的_____线。

4.两圆柱相交时,轴线的相对位置有_____、_____和_____三种情况。

二、判断题

1.两立体相贯,相贯线一般是平面曲线或直线,特殊情况下也可能是空间曲线。( )

2.两圆柱正交是指两圆柱垂直相交。( )

3.两正交不等径圆柱的相贯线为空间曲线,两正交等径圆柱的相贯线为两相交直线。
( )

项目七　整体式滑动轴承的测绘与制图

学习项目名称	整体式滑动轴承的测绘与制图
情境应用	锻压机
基础知识点	剖视图的概念、分类、形成及画法 全剖视图的画法 半剖视图的画法 局部放大图的画法
认知技能点	万能角度尺的正确使用 半径规的正确使用 内沟槽卡尺的正确使用
操作技能点	整体式滑动轴承的测绘
课程场地	"机械测绘与制图"课程教室
设计课时	18 课时

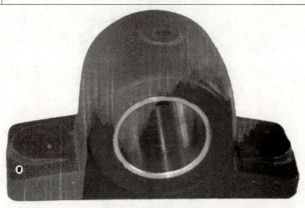

图 7-1　滑动轴承

一、项目应用

滑动轴承(见图 7-1)是一种在滑动摩擦下工作的轴承,其工作平稳、可靠、无噪声。在液体润滑条件下,滑动表面被润滑油分开而不发生直接接触,从而大大减小了摩擦损失和表面磨损。油膜还具有一定的吸振能力,使传动更平稳。故滑动轴承适用于低速重载的工况条件下,如锻压机械、工程机械、油田机械、矿山机械、海洋设备、铁路等领域,如图 7-2 所示。

图 7-2　滑动轴承的应用

二、项目认知

1.万能角度尺

（1）认识万能角度尺

万能角度尺又被称为角度规、游标角度尺或万能量角器，是利用游标读数原理来直接测量工件角度或进行划线的一种角度量具。万能角度尺适用于机械加工中的内、外角度测量，可测 0°～320°外角及 40°～130°内角。其结构如图 7-3 所示。

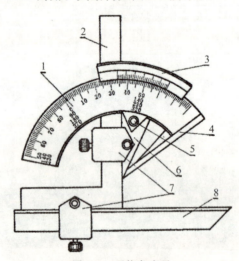

图 7-3　万能角度尺

1—主尺;2—直角尺;3—游标;4—基尺;5—制动器;6—扇形板;7—卡块;8—直尺

（2）万能角度尺的读数原理及方法

①读数原理。万能角度尺主尺的刻线每格为 1°。游标的刻线是取主尺的 29°，等分为 30 格，因此游标刻线角格为 29°/30，即主尺与游标一格的差值为 2′，也就是说万能角度尺读数准确度为 2′。除此之外，还有 5′和 10′两种精度。其中读数准确度为 2′的角度尺最为常用。

②读数方法。万能角度尺的读数方法和游标卡尺相似,先从主尺上读出角度"度"的数值,再从游标上读出角度"分"的数值,两者相加就是被测零件的角度数值。

例:万能角度尺读数示例如图 7-4 所示。

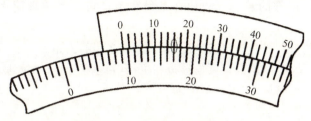

图 7-4　万能角度尺读数

读数分析:

由图 7-4 可看出,游标上零刻线在主尺 9°之后,故"度"的数值为 9°;游标上第 8 格刻线与主尺上刻线对齐,故"分"的数值为 $8 \times 2' = 16'$。所以最终读数为 $9° + 16' = 9°16'$。

(3)万能角度尺的使用方法

测量时应先校准零位,万能角度尺的零位是在角尺与直尺均装上,且角尺的底边及基尺与直尺无间隙接触时,此时主尺与游标的"0"线对准。调整好零位后,通过改变基尺、角尺、直尺的相互位置可测 0°~320°范围内的任意角,如图 7-5 所示。

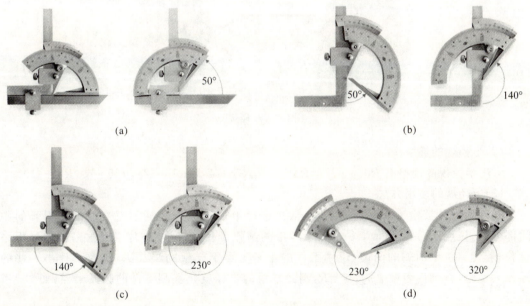

图 7-5　万能角度尺的使用方法

①测量 0°~50°之间的外角。

直角尺和直尺全都装上,工件的被测部位放在基尺各直尺的测量面之间进行测量,如图 7-5(a)所示。

②测量 50°~140°之间的外角。

卸掉直角尺,把直尺装上去,使它与扇形板连在一起。工件的被测部位放在基尺和直尺的测量面之间进行测量,如图 7-5(b)所示。

③测量 140°~230°之间的外角或测量 130°~220°之间的内角。

卸掉直尺和卡块,只装直角尺,再把直角尺推上去,直到直角尺短边与长边的交线和基尺的尖棱对齐为止。工件的被测部位放在基尺和角尺短边的测量面之间进行测量,如图 7-5(c)所示。

④测量 230°~320°之间的外角或测量 40°~130°之间的内角。

卸掉直角尺、直尺和卡块,只留下扇形板和主尺(带基尺)。工件的被测部位放在基尺和扇形板测量面之间进行测量,如图 7-5(d)所示。

2.半径规

(1)认识半径规

半径规也叫 R 规或 R 样板,是利用光隙法测量圆弧半径的工具。测量时必须使半径规的测量面与工件的圆弧完全的、紧密的接触,当测量面与工件的圆弧中间没有间隙时,工件的圆弧半径即为此时半径规上所显示的数字。半径规一般是整套使用,其结构如图 7-6 所示。

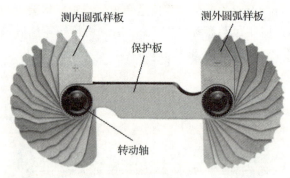

图 7-6 半径规

(2)半径规的规格

常用半径规的规格有 R0.3~1.5,R1~6.5,R7~14.5,R15~25,R25~50,R52~100。

(3)半径规的使用方法

先目测估计被检工件的圆弧半径,依次选择半径样板去试测。当光隙位于圆弧的中间部分时,说明工件的圆弧半径 r 大于样板的圆弧半径 R,应换一片半径大一些的样板去检验;若光隙位于圆弧的两边,说明工件的半径 r 小于样板的半径 R,应换一片小一些的样板去检验,直到两者吻合,即 r=R,则此样板的半径就是被测工件的圆弧半径,如图 7-7 所示。

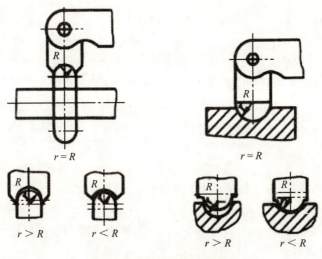

图 7-7　半径规测量工件半径

3. 内沟槽卡尺

（1）认识内沟槽卡尺

内沟槽卡尺是用来测量零件内部沟槽宽度或直径的一种量具。其结构有游标、数显和带表三种形式，如图 7-8 所示。

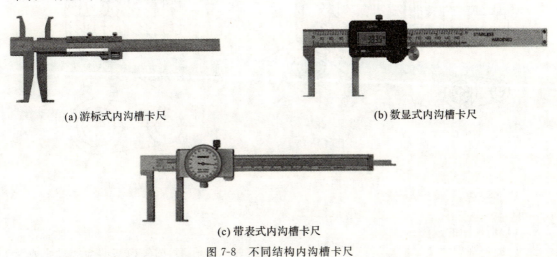

(a) 游标式内沟槽卡尺　　　　　　　　　　　　(b) 数显式内沟槽卡尺

(c) 带表式内沟槽卡尺

图 7-8　不同结构内沟槽卡尺

（2）内沟槽卡尺的规格

不同结构内沟槽卡尺有不同的规格，常用数显内沟槽卡尺的规格有：5～150mm/25mm，8～150mm/30mm，10～150mm/40mm，14～150mm/70mm，20～150mm/60mm。

（3）内沟槽卡尺的使用方法

内沟槽卡尺的使用方法与游标卡尺相同，可参照机械式游标卡尺的使用方法学习。

三、制图知识

1.剖视图

基本视图主要用来表达机件的外部结构。在实际生产中,有许多零件的内部结构形状比较复杂,如图 7-9(a)所示。画图时,视图中会出现较多的细虚线,从而导致图形不清晰,不便于看图和标注尺寸。为了清晰地表达机件内部形状和结构,国家标准规定了剖视图的画法。

(1)剖视图的概念

假想用一剖切平面剖开机件,将处在观察者和剖切平面之间的部分移去,而将其余部分向投影面投射所得的图形,称为剖视图(简称剖视)。

(2)剖视图的种类

剖视图按剖切范围的大小,可以分为全剖视图、半剖视图和局部剖视图三种。

(3)剖视图的形成

如图 7-9(b)所示,假想沿机件前后对称平面把它剖开,移去前半部分后,将后半部分向正立投影面投射,便得到了全剖的主视图,如图 7-9(c)所示。

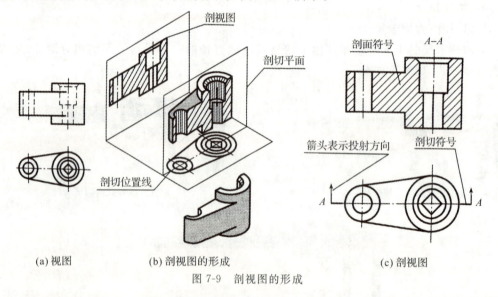

(a) 视图　　　(b) 剖视图的形成　　　(c) 剖视图

图 7-9　剖视图的形成

(4)剖视图的画法

①确定剖切位置。剖切位置一般应尽量通过有较多的孔洞、槽等内部结构的轴线或对称面。

②画出剖切后的剖面区域。

③画出剖切面后面的可见轮廓线。

④在剖面区域内应画出表示零件材料的剖面符号(见表 7-1),并完成其他视图。

a.剖视只是假想将某视图剖开,所以某视图的剖视不影响其他视图的完整性,其他视图仍应完整画出,如图 7-9(c)所示的剖视图(完整画出)。

b.剖视是为了更清晰地表达零件,凡已经表达清楚的轮廓,在各视图中的虚线不再画出。

c.机械行业中大多数材料都是金属材料,金属材料的剖面符号一般应画成与水平方向成 45°的互相平行、间隔均匀的细实线,同一零件在不同视图中的剖面符号方向应相同,如表 7-1 所示。

表 7-1　常见材料的剖面符号

金属材料 (已有规定剖面符号者除外)		木质胶合板 (不分层数)	
线圈绕组元件		基础周围的泥土	
转子、电枢、变压器和 电抗器等的叠钢片		混凝土	
非金属材料 (已有规定剖面符号者除外)		钢筋混凝土	
型砂、填砂、粉末冶金、砂轮、 陶瓷刀片、硬质合金刀片等		砖	

2. 全剖视图

用剖切面完全地剖开物体所得的剖视图,称为全剖视图。全剖视图是为了表达机件完整的内部结构,通常适用于内部结构较为复杂、外形简单或外形虽然复杂但已经用其他视图表达清楚的场合。当机件被剖开后,其内部的不可见轮廓线变成了可见轮廓线,原来的细虚线应画成粗实线,如图 7-10 所示。

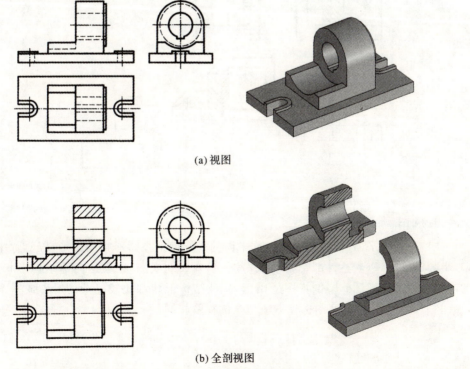

(a) 视图

(b) 全剖视图

图 7-10　视图与全剖视图

(1)剖视图的标注

剖视图的标注包括三部分：剖切平面位置、投射方向和剖视图名称，如图 7-11 所示。

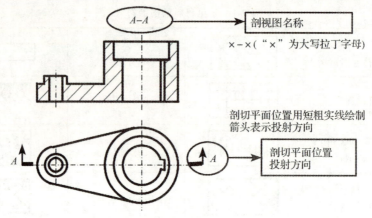

图 7-11　剖视图的标注

(2)剖视图的省略标注

①当剖视图按基本视图配置时，可省略箭头，如图 7-12 中 $A-A$ 剖视图。

②当剖切平面通过机件的对称（或基本对称）平面，且全剖视图按投影关系配置，中间又无其他视图隔开时，可省略标注，如图 7-12 所示主视图。同理，图 7-9、图 7-10 和图 7-11 所示全剖视图均可省略标注。

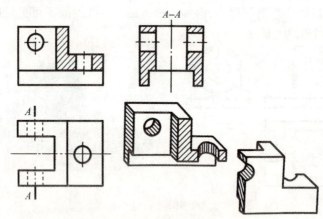

图 7-12　剖视图的省略标注

3.半剖视图

当机件具有对称平面时，在垂直于对称平面的投影面上投影所得的图形，以对称中心线为界，一半画成视图，以表达外部结构形状，另一半画成剖视图，以表达内部结构形状，这样组合的图形称为半剖视图。半剖视图适用于内、外结构形状都比较复杂的对称或基本对称机件，如图 7-13 所示。半剖视图标注方法与全剖视图相同。

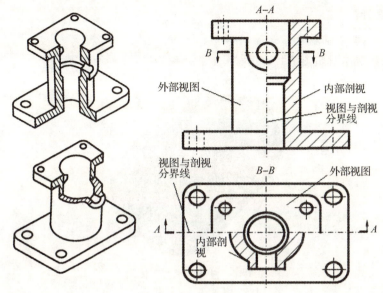

图 7-13　半剖视图

4.局部放大图

当机件上的细小结构在视图中表达不清楚或不便于标注尺寸时,可用大于原图形所采用的比例单独画出这些结构,这种图形称为局部放大图,如图 7-14 所示。

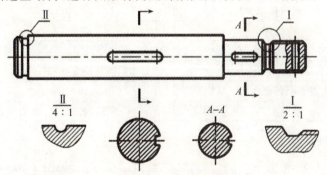

图 7-14　局部放大图

局部放大图画法及标注:

①局部放大图可画成视图、剖视图、断面图,它与被放大部位的表达方法无关;

②局部放大图应尽量配置在视图附近;

③局部放大图必须标注,标注方法是:在视图上画一细实线圆表示被放大部位,在放大图上标明所用比例,即图形大小与实物大小之比(与原图上的比例无关);

④当同一视图上有几个被放大部位时,要用罗马数字依次标明被放大部位,并在局部放大图的上方标出相应的罗马数字和采用的比例。

四、项目实施

1.项目概述

本项目的任务是测绘整体式滑动轴承,并绘制出工程图。

2.工艺设计

测绘任务一:滑动轴承套。

滑动轴承套立体图如图 7-15 所示。

图 7-15　滑动轴承套立体图

(1)核对工量具清单(见表 7-2)

表 7-2　工量具清单

序号	名　称	规　格	数量
1	游标卡尺	0～150mm(0.02mm)	1 把
2	三点式内径千分尺	20～25mm	1 把
3	半径规	R1～R6.5	1 套
4	万能角度尺	0°～320°	1 把
5	数显式内沟槽卡尺	8～150mm/30mm	1 把
6	表面粗糙度样板	Ra0.1～Ra12.5	1 套
7	绘图工具	铅笔、橡皮、A4 图纸	1 套

(2)测绘滑动轴承套

①用游标卡尺分别测量尺寸 L_1,ϕd_1,ϕD_1,绘制圆筒视图,如图 7-16 所示。

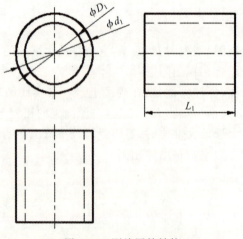

图 7-16　测绘圆筒结构

②用游标卡尺测量油槽宽 L_2，用数显式内沟槽卡尺测量油槽直径 ϕD_2，绘制油槽视图。主视图、左视图为全剖视图，暂不绘制剖面线，擦去多余虚线，如图 7-17 所示。

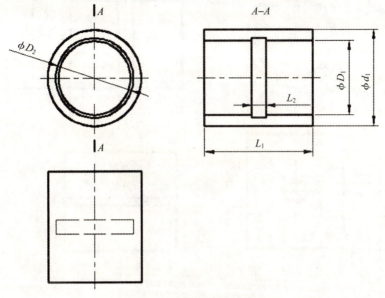

图 7-17　测绘油槽结构

③用游标卡尺测量注油孔直径 ϕD_3，绘制注油孔视图。主视图、左视图为全剖视图，暂不绘制剖面线，擦去多余虚线，如图 7-18 所示。

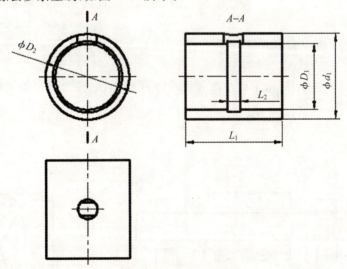

图 7-18　测绘注油孔结构

④用半径规测量定位槽半径 R，用万能角度尺测量角度 $\alpha°$，绘制定位槽视图并绘制剖视图剖面线。主视图为全剖视图，绘制向视图 B，绘制剖面线，如图 7-19 所示。

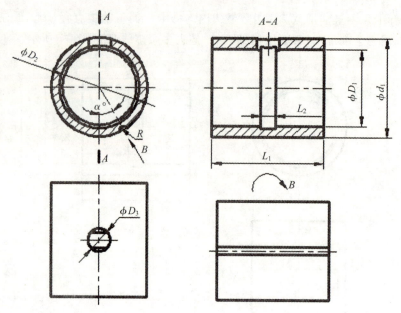

图 7-19　测绘定位槽结构

⑤用杠杆百分表测量同轴度误差。

测量步骤：

第一步，将工件、心轴和 V 形块按图 7-20 所示组装好后，放在平板仪上。

第二步，安装杠杆百分表，调整位置使测头与工件被测表面接触，并有 1～2 圈的压缩量。

第三步，缓慢而均匀地转动工件 1 周，并观察百分表指针的变化，取最大读数与最小读数的差值之半，作为该截面的同轴度误差。

第四步，转动被测工件，按第三步测量四个不同截面，取四个截面的同轴度误差最大值作为该工件的同轴度误差。

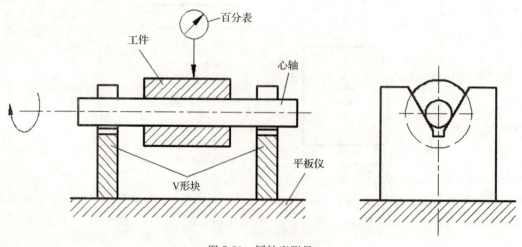

图 7-20　同轴度测量

（3）绘制工程图（见图 7-21）

零件尺寸和位置设计相应的公差分别为：L_1 上偏差 ＋△1，下偏差 －△1；ϕD_1 公差带代号为 H6，ϕd_1 公差带代号为 S7；外圆柱与内孔轴线互为基准，同轴度公差为 ϕt；未注倒角为 $1\times45°$；未注尺寸公差为 IT10 级；表面粗糙度除 ϕD_1 外表面和 ϕd_1 内表面为 $Ra0.8$，其余都为 $Ra6.3$。

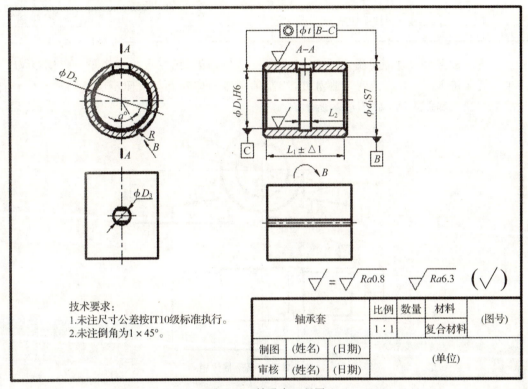

图 7-21　轴承套工程图

测绘任务二：测绘整体式滑动轴承座。

整体式滑动轴承座立体图如图 7-22 所示。

图 7-22　整体式滑动轴承座立体图

（1）核对工量具清单（见表 7-3）

（2）测绘滑动轴承座

绘制复杂零件图时，可按照先外后内、先视图后剖视图的顺序进行绘制。通过分析可以把轴承座假想地拆分为四部分进行绘制，分别为轴承座整体轮廓、安装凸台及安装孔、注油孔和定位长凸台。

表 7-3 工量具清单

序号	名　称	规　格	数量
1	游标卡尺	0～150mm	1 把
2	三点式内径千分尺	20～25mm	1 把
3	半径规	$R1～R6.5$	1 套
4	万能角度尺	0°～320°	1 把
5	杠杆百分表	0～0.8mm	1 套
6	表面粗糙度样板	$Ra0.1～Ra12.5$	1 套
7	绘图工具	铅笔、橡皮、A4 图纸	1 套

①用游标卡尺分别测量出尺寸 L_1，L_3，L_5，L_7，L_8，ϕd_1，用三点式内径千分尺测量 ϕD_2，用半径规测量 R_2，用万能角度尺测量 $\beta°$，绘制轴承座整体轮廓。按照不剖绘制轴承座整体轮廓的主视图和俯视图，如图 7-23 所示。

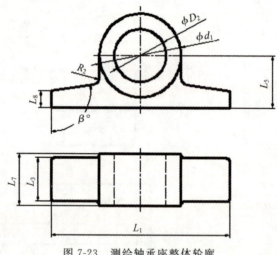

图 7-23 测绘轴承座整体轮廓

②用游标卡尺测量 L_2，L_4，ϕD_1，用半径规测量 R_3，绘制安装凸台及安装孔。按照不剖绘制安装凸台及安装孔的主视图和俯视图，如图 7-24 所示。

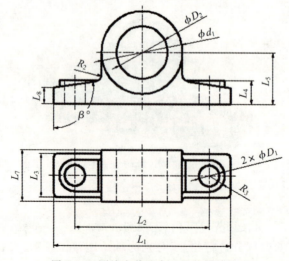

图 7-24 测绘安装凸台及安装孔结构

③用游标卡尺测量 L_6，ϕd_2，ϕD_3，绘制注油孔。按照不剖绘制注油孔的主视图和俯视图，如图 7-25 所示。

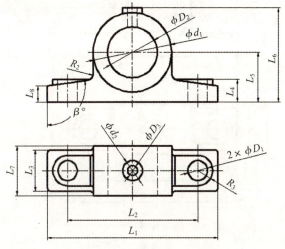

图 7-25　测绘注油孔结构

④用万能角度尺测量 $\alpha°$，用半径规测量 R_1，绘制定位长凸台。按照不剖绘制定位长凸台的主视图和俯视图，如图 7-26 所示。

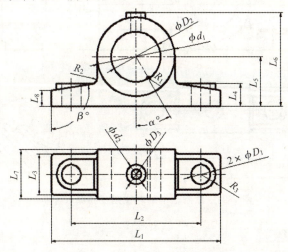

图 7-26　测绘定位长凸台结构

⑤修改主视图，绘制成半剖的主视图，擦去已表达清楚的虚线，如图 7-27 所示。

⑥绘制全剖左视图及局部放大图，擦去已表达清楚的虚线，如图 7-28 所示。

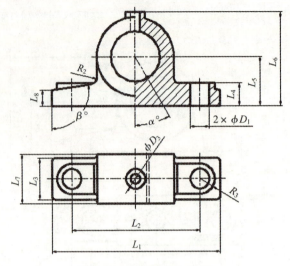

图 7-27　绘制半剖主视图

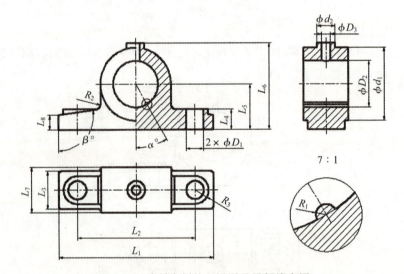

图 7-28　绘制全剖的左视图及局部放大图

⑦测量平行度误差。

测量步骤：

第一步，将工件、心轴和 V 形块按图 7-29 所示组装好后，放在平板仪上。

第二步，安装杠杆百分表，调整位置使测头与工件被测表面接触，并有 1～2 圈的压缩量。

第三步，移动表座，在工件被测面上按布点进行测量，经过计算和评定，可求得该工件的平行度误差。

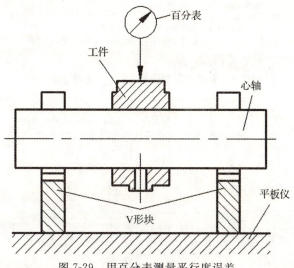

图 7-29　用百分表测量平行度误差

(3)绘制工程图(见图 7-30)

零件尺寸和位置设计相应的公差分别为:L_2 上偏差＋△1,下偏差－△1;L_5 上偏差 0,下偏差－△3;ϕD_1 上偏差＋△2,下偏差 0;ϕD_2 公差带代号为 H7;轴承座底面相对于 ϕD_2H7 轴线的平行度公差为 t;未注圆角为 R_1;未注倒角为 $1 \times 45°$;未注尺寸公差为 IT10 级,ϕD_2 孔表面粗糙度为 $Ra0.8$,轴承座底面粗糙度为 $Ra1.6$,两安装孔位置上表面表面粗糙度为 $Ra1.6$;其余表面粗糙度均为 $Ra12.5$,轴承座外表面进行喷漆处理。

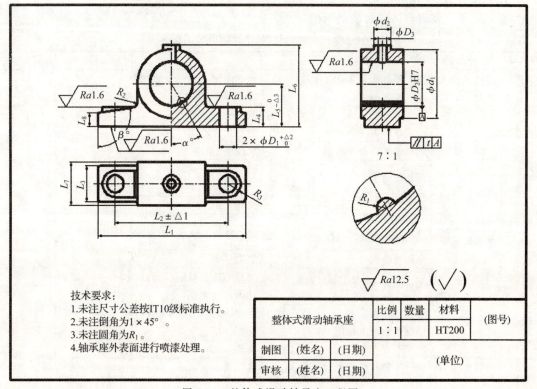

技术要求:
1.未注尺寸公差按IT10级标准执行。
2.未注倒角为1×45°。
3.未注圆角为R_1。
4.轴承座外表面进行喷漆处理。

整体式滑动轴承座		比例	数量	材料	[图号]
		1:1		HT200	
制图	(姓名)	(日期)		(单位)	
审核	(姓名)	(日期)			

图 7-30　整体式滑动轴承座工程图

3. 任务执行

任务一：测绘滑动轴承套。

根据表 7-4 完成滑动轴承套测绘。

表 7-4 项目任务执行表(执行结果用√表示)

序号	执行步骤	执行内容	执行标准	参考时间/min	执行结果
1	核对工量具清单	按工量具清单领用工具与量具,并检查	所选工量具符合工量具清单要求,见表 7-2	15	
2	测绘滑动轴承套	测量尺寸 L_1,ϕd_1,ϕD_1	测量方法正确	80	
			测量尺寸正确		
		绘制圆筒视图	见图 7-16		
		测量尺寸 L_2,ϕD_2	测量方法正确		
			测量尺寸正确		
		绘制油槽视图	见图 7-17		
		测量尺寸 ϕD_3	测量方法正确		
			测量尺寸正确		
		绘制注油孔视图	见图 7-18		
		测量半径 R,角度 α°	测量方法正确		
			测量尺寸正确		
		绘制定位槽视图	见图 7-19		
3	绘制工程图	设计公差并绘制工程图	见图 7-21	65	
				总计:160	

任务二：测绘整体式滑动轴承座。

根据表 7-5 完成整体式滑动轴承座测绘。

表 7-5 项目任务执行表(执行结果用√表示)

序号	执行步骤	执行内容	执行标准	参考时间/min	执行结果
1	核对工量具清单	按工量具清单领用工具与量具,并检查	所选工量具符合工量具清单要求,见表 7-3	15	
2	测绘整体式滑动轴承座	测量尺寸 L_1,L_3,L_5,L_7,L_8,ϕd_1,ϕD_2,R_2,β°	测量方法正确	160	
			测量尺寸正确		
		绘制轴承座整体轮廓	见图 7-23		
		测量尺寸 L_2,L_4,ϕD_1,R_3	测量方法正确		
			测量尺寸正确		
		绘制安装凸台及安装孔	见图 7-24		
		测量尺寸 L_6,ϕd_2,ϕD_3	测量方法正确		
			测量尺寸正确		
		绘制注油孔	见图 7-25		
		测量半径 R_1,角度 α°	测量方法正确		
			测量尺寸正确		
		绘制定位长凸台	见图 7-26		
		绘制半剖的主视图	见图 7-27		
		绘制全剖左视图及局部放大图	见图 7-28		
3	绘制工程图	设计公差并绘制工程图	见图 7-30	105	
				总计:280	

五、项目评价

根据表7-6完成任务检测。

表7-6　任务检测标准

序号	检测内容	执行标准	自评	教师评
1	测量要求	使用方法正确,读数无误　—A		
		使用方法正确,读数有误　—B		
		使用方法不正确,读数有误　—C		
2	绘图情况	图纸内容完整,视图表达合理　—A		
		图纸内容完整,视图表达不合理　—B		
		图纸内容不完整,视图表达不合理　—C		
3	安全文明	工具摆放整齐,量具、仪表使用规范,无安全事故　—A		
		工量具或零件损坏,但无安全事故　—B		
		工量具或零件损坏,出现安全事故　—C		

项目练习
XIANGMU LIANXI

一、填空题

1.万能角度尺游标上一格代表＿＿＿＿＿＿＿＿＿＿。

2.万能角度尺直角尺和直尺全都装上,可以测量＿＿＿＿＿＿＿＿度的外角。

3.万能角度尺卸掉直尺和卡块,可以测量＿＿＿＿＿＿＿＿度的外角和＿＿＿＿＿＿＿＿度的内角。

4.半径规是利用＿＿＿＿＿＿＿＿法测量圆弧半径的工具。

5.剖视图主要是为了表达零件＿＿＿＿＿＿＿＿的结构形状。

6.剖视图按剖切范围的大小,可以分为＿＿＿＿＿＿剖视图、＿＿＿＿＿＿视图和＿＿＿＿＿＿剖视图三种。

7.用剖切面＿＿＿＿＿＿地剖开物体所得的剖视图,称为全剖视图。

8.剖视图的标注包括三个部分:＿＿＿＿＿＿、＿＿＿＿＿＿和＿＿＿＿＿＿。

9.局部放大图可画成＿＿＿＿＿＿、＿＿＿＿＿＿、断面图,它与被放大部位的表达方法无关。

10.零件只有局部内轮廓需要表达,而又不必或不宜采用全剖视图时,可以采用＿＿＿＿＿＿视图来表达。

二、判断题

1.滑动轴承适用于低速重载的工况条件下。　　　　　　　　（　　）

2.半径规在使用时,工件的圆弧半径 r 大于样板的圆弧半径 R,应换一片半径小一些的样板去检验。　　　　　　　　（　　）

3.剖视图的剖切位置一般应尽量通过有较多的孔洞、槽等内部结构的轴线或对称面。　　　　　　　　（　　）

4.剖视图是真实地把零件剖开,然后进行各个视图的绘制。　　　　　　　　（　　）

5.绘制剖视图时,已经表达清楚的部分,在各视图中的虚线不再画出。　　　　　　(　　)

6.金属材料的剖面符号一般应画成与水平方向成 45°的互相平行、间隔均匀的细实线,同一零件在不同视图中的剖面符号方向应相反。　　　　　　　　　　　　　　　(　　)

7.当剖视图按基本视图配置时,可省略箭头。　　　　　　　　　　　　　　　　(　　)

8.半剖视图适用于内、外结构形状都比较复杂的对称或基本对称机件。　　　　(　　)

9.在放大图上标明所用的比例,是指在原图基础上放大后的比例。　　　　　　(　　)

10.局部放大图可画成视图、剖视图、断面图,它与被放大部位的表达方法无关。(　　)

项目八　齿轮轴的测绘与制图

学习项目名称	齿轮轴的测绘与制图
情境应用	减速器
基础知识点	齿轮轴的结构认知 轴类零件的视图表达方法 直齿圆柱齿轮测绘方法与规定画法 普通平键的标记和连接画法 断面图的概念及画法
操作技能点	齿轮轴的测绘
课程场地	"机械测绘与制图"课程教室
设计课时	17 课时

图 8-1　齿轮轴

一、项目应用

齿轮轴(见图 8-1)指支承转动零件并与之一起回转以传递运动、扭矩或弯矩的机械零件,轴和齿轮合成一个整体。在动力输出的设备上普遍存在,最常用在减速器上,如图 8-2 所示。

图 8-2　齿轮轴在减速器上的应用

二、项目认知

1.减速器主动齿轮轴

（1）结构认知

齿轮轴是典型的轴套类零件，如图 8-3 所示，大多数由同轴心线、不同直径的数段回转体组成，轴向尺寸比径向尺寸大得多。轴上常有一些典型工艺结构，如键槽、退刀槽、螺纹、倒角、中心孔等结构，其形状和尺寸大部分已标准化。

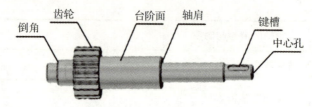

图 8-3　轴上结构认知

（2）视图表达方法

轴套类零件一般在车床上加工，所以按形状和加工位置来确定主视图，轴线水平放置，大头在左，小头在右，键槽和孔结构可以朝前。轴套类零件主要结构形状是回转体，一般只画一个主视图，对于零件上的键槽、孔等，可作移出断面图来表达；砂轮越程槽、退刀槽、中心孔等可用局部放大图来表达。

2.直齿圆柱齿轮的测绘方法

（1）单个直齿圆柱齿轮的画法

标准直齿轮的结构有齿轮轴、实心式、腹板式、孔板式和轮辐式等多种形式，但国家标准只对齿轮的轮齿部分做了规定画法，其余部分按齿轮轮廓的真实投影绘制，如图 8-4 所示。

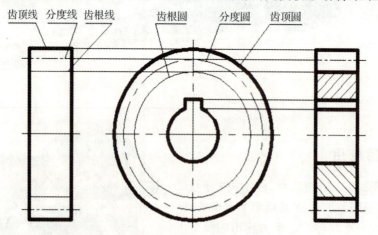

图 8-4　单个直齿圆柱齿轮的画法

（2）标准直齿圆柱齿轮的测绘步骤

①清点齿轮的齿数 z，如图 8-5 所示。

②测量齿轮的齿顶圆直径 d_a。

如果是偶数齿,可直接测得,如图 8-6(a)所示。若是奇数齿,如图 8-6(b)所示 $D<d_a$,则可先测出轮毂孔的直径尺寸 D_1 及孔壁到齿顶间的单边径向尺寸 H,如图 8-6(c)所示,则齿顶圆直径 $d_a=2H+D_1$。

图 8-5 清点齿数

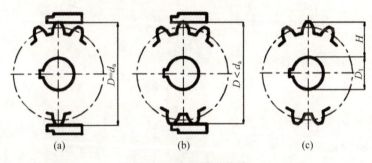

图 8-6 齿顶圆测量图

③确定标准模数。

依据公式 $m=d_a/(z+2)$ 算出 m 的测得值,然后与标准模数值比较,取较接近的标准模数,模数标准如表 8-1 所示。

表 8-1 渐开线齿轮模数标准

系列	渐开线圆柱齿轮模数(GB/T 1357−87)
第一系列	0.1 0.12 0.15 0.2 0.25 0.3 0.4 0.5 0.6 0.8 1 1.25 1.5 2 2.5 3 4 5 6 8 10 12 16 20 25 32 40 50
第二系列	0.35 0.7 0.9 0.75 2.25 2.75 (3.25) 3.5 (3.75) 4.5 5.5 (6.5) 7 9 (11) 14 18 22 28 (30) 36 45

注:1.优先选用第一系列,括号内的模数尽可能不用。

2.模数代号是 m,单位是 mm。

④计算齿轮主要参数。

a.齿顶圆直径 d_a——通过齿顶的圆柱面直径。

齿数 z——齿轮上轮齿的个数。

模数 m——它是齿轮设计和制造的重要参数,单位为 mm。

计算公式:$d_a = m(z+2)$。

b.齿根圆直径 d_f——通过齿根的圆柱面直径。

计算公式:$d_f = m(z-2.5)$。

c.分度圆直径 d——分度圆直径是齿轮设计和加工时的重要参数。分度圆是一个假想的圆,在该圆上齿厚 s 与槽宽 e 相等,它的直径称为分度圆直径。

计算公式:$d = mz$。

齿轮示意图如图 8-7 所示。

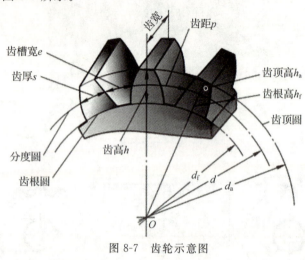

图 8-7　齿轮示意图

3.普通平键的标记和连接画法

(1)普通平键的标记

键为标准件,应用最广泛的是普通平键。

普通平键的标记为:GB/T　1096　键 $16 \times 10 \times 100$,表示宽度 $b=16\text{mm}$、高度 $h=10\text{mm}$、长度 $L=100\text{mm}$ 的 A 型普通平键。(参照 GB/T　1096—2003《普通型　平键》标准规定)

(2)普通平键的连接画法

普通平键的连接画法如图 8-8 所示。普通平键的两侧面是工作面,它与轴、轮毂的键槽两侧面相接触,键的底面与轴上键槽的底面接触,所以这些接触面分别只画一条线;键的上底面与轮毂槽的顶面为非接触面,两者之间留有一定的间隙,画两条线。键上的倒角、倒圆省略不画。

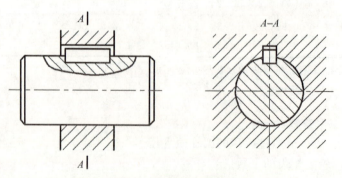

图 8-8　普通平键连接

（3）键槽的主要尺寸

键槽的主要尺寸有宽度 b、长度 L 及深度 t，如图 8-9 所示。宽度 b、深度 t 等尺寸可根据被连接的轴径 d 在 GB/T 1096—2003 中查到，轴上的键槽长和键长，应根据轮毂宽，在键的长度标准系列中选用，要求键长不超过轮毂宽。

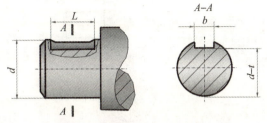

图 8-9　键槽尺寸注法示意图

三、制图知识

1.断面图的概念

假想用剖切面将物体的某处切断，仅画出该剖切平面与物体接触部分（断面）的图形称为断面图。用断面图表达机件的断面形状，图形简单，读图清晰明了。断面图常用来表达机件上的肋、轮辐和轴上的键槽等结构，如图 8-10 所示。

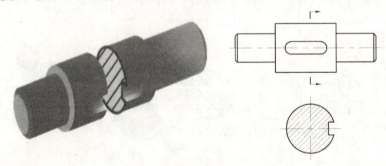

图 8-10　断面图

2.断面图与剖视图的区别

断面图：仅画出机件断面形状的图形。

剖视图：除了画出机件断面形状外，还要画出剖切面后面的可见轮廓线，如图 8-11 所示。

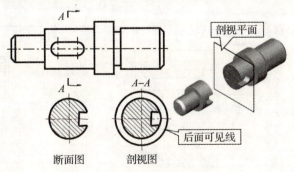

图 8-11　断面图与剖视图的区别

3.断面图的种类

根据断面图配置位置的不同,可分为移出断面图和重合断面图两类。

移出断面图:画在视图外的断面图,其轮廓线用粗实线绘制,如图 8-12 所示。

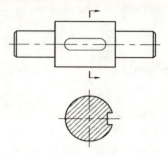

图 8-12　移出断面图画法

4.画法规定

(1)当剖切平面通过由回转面形成的孔或凹坑的轴线时,这些结构按剖视图绘制,如图 8-13 所示。

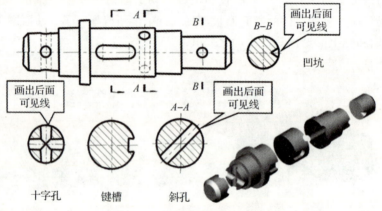

画出后面可见线

画出后面可见线

B-B　凹坑

画出后面可见线

十字孔　　　键槽　　　斜孔　　　A-A

图 8-13　不同结构断面的画法

(2)移出断面图的标注。移出断面图的配置与标注如表 8-2 所示。

表 8-2　移出断面图的配置与标注

断面图配置 ＼ 断面形状	对称的移出断面图	不对称的移出断面图
配置在剖切线或剖切符号延长线上		

(续表)

断面图 配置 ＼ 断面形状	对称的移出断面图	不对称的移出断面图
按投影关系配置	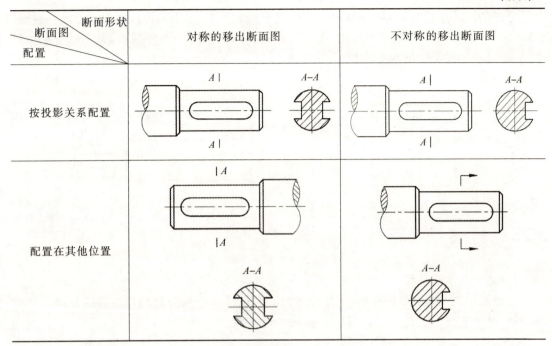	
配置在其他位置		

四、项目实施

1. 项目概述

本项目的任务是测绘减速器主动齿轮轴，并绘制出工程图。齿轮轴三维图如图8-14所示。

图 8-14 齿轮轴三维图

2. 工艺设计

（1）核对工量具清单（见表8-3）

表 8-3 工量具清单

序号	名 称	规 格	数量
1	减速器主动齿轮轴		1个
2	工业擦拭纸		若干
3	绘图工具		1套
4	游标卡尺	0～200mm(0.02mm)	1把
5	深度游标卡尺	0～150mm(0.02mm)	1把
6	千分尺	0～25mm(0.01mm)	1把
7	千分尺	25～50mm(0.01mm)	1把

（2）选择尺寸基准

零件的尺寸基准是指零件在设计、加工、测量和装配时，用来确定尺寸起始点的一些面、线和点。一般情况下，零件在长、宽、高三个方向上都应有一个主要基准，为了便于加工制造，还可以有若干个辅助基准，如图 8-15 所示。

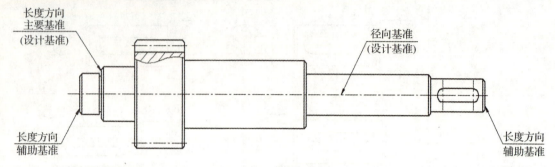

图 8-15 齿轮轴基准图 1

（3）测绘及绘图步骤

①绘制径向基准和轴向基准，用游标卡尺和深度游标卡尺分别测量左右端轴向辅助基准，标注基准之间的联系尺寸 L_1 和 L_2，如图 8-16 所示。

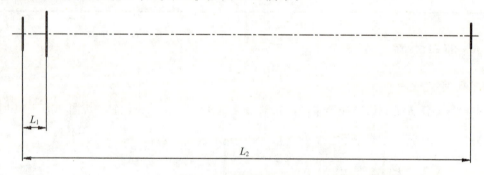

图 8-16 齿轮轴基准图 2

②用千分尺测量左端第一个台阶直径 ϕd_1，用游标卡尺测量越程槽 L_3 和 L_4，绘制第一个台阶主视图并标注尺寸，如图 8-17 所示。

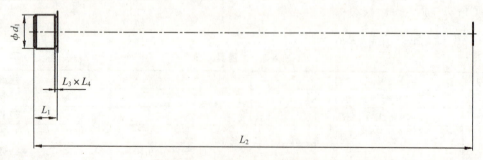

图 8-17 齿轮轴第一个台阶图

③用千分尺测量左端第二个台阶直径 ϕd_2，用深度游标卡尺测量深度 L_5，绘制第二个台

阶主视图并标注尺寸,如图 8-18 所示。

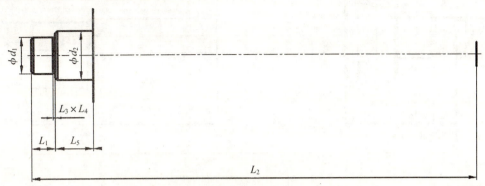

图 8-18　齿轮轴第二个台阶图

④用游标卡尺测量齿轮齿顶圆直径 ϕd_3 和长度 L_6,并计算分度圆尺寸 ϕd_4,绘制齿轮主视图并标注尺寸,如图 8-19 所示。

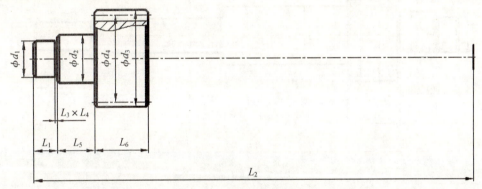

图 8-19　齿轮轴齿轮图

⑤用千分尺测量第三个台阶 ϕd_5,深度游标卡尺测量深度 L_7,绘制第三个台阶主视图并标注尺寸,如图 8-20 所示。

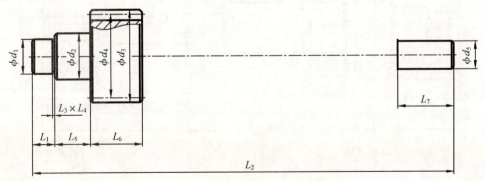

图 8-20　齿轮轴第三个台阶图

⑥用千分尺测量第四个台阶 ϕd_6,用深度游标卡尺测量深度 L_8,绘制第四个台阶主视图并标注尺寸,如图 8-21 所示。

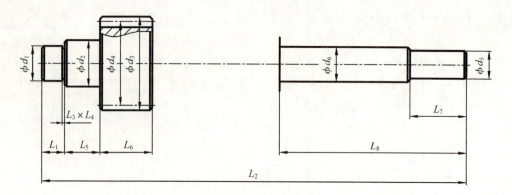

图 8-21　齿轮轴第四个台阶图

　　⑦用千分尺测量中间台阶尺寸 ϕd_7，绘制第五个台阶主视图并标注尺寸，如图 8-22 所示。

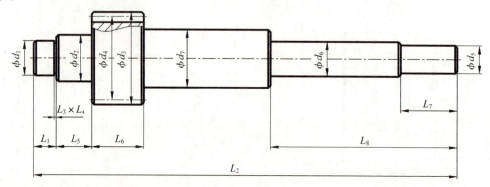

图 8-22　齿轮轴第五个台阶图

　　⑧用游标卡尺测量键槽定位尺寸 L_9 和键槽长 L_{10}、键槽宽 L_{12}，用深度游标卡尺测量键槽深度 L_{11}，并标注尺寸，如图 8-23 所示。

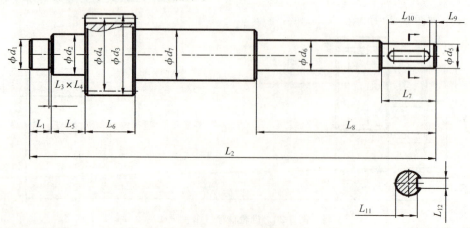

图 8-23　齿轮轴键槽图

　　⑨绘制工程图，如图 8-24 所示。
　　轴上标注的公差主要分为 3 种：圆柱体公差、轴向尺寸公差、特殊结构公差（平键、花键等),与其他零件有配合要求的部位,一般都标有尺寸公差。在该齿轮轴中,ϕd_1 及 ϕd_6 的轴颈处有配合要求和尺寸公差,尺寸精度较高,均设计为 6 级公差。两轴颈处要求有同轴度公差,相应的表面结构要求也较高,均为 $Ra1.6$。键属于标准件,与键槽配合,键槽的公差配合可查表,键的工作表面是两侧面,两侧面有对称度要求,两侧面的表面结构也高些。轴上作为其他零件定位面 L_1 和 L_8 端面比较重要,所以表面结构要求也就较高,一般不重要的表面结构要求定为 $Ra12.5$。另外,对去毛刺、未注倒角 $1\times45°$、未注尺寸公差等要求提出 2 项文字说明。

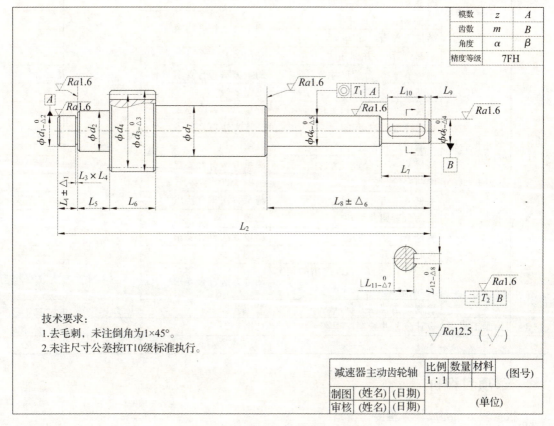

图 8-24　减速器主动齿轮轴工程图

3.任务执行

根据表 8-4 完成对齿轮轴的测绘。

表 8-4 项目任务执行表(执行结果用√表示)

序号	执行步骤	执行内容	执行标准	参考时间/min	执行结果
1	核对工量具清单	按工量具清单领用工具与量具,并检查	判断工具可否正常使用	20	
			校准量具是否准确		
2	测绘齿轮轴	绘制径向基准及轴向主要基准	见图 8-16	240	
		测量 L_1,L_2,绘制辅助基准			
		测量 ϕd_1 台阶尺寸	测量方法符合要求		
		测量越程槽尺寸 L_3,L_4			
		绘制台阶一,并标注	见图 8-17		
		测量 ϕd_2,L_5 台阶尺寸	测量方法符合要求		
		绘制台阶二,并标注	见图 8-18		
		测量 ϕd_3,L_6 齿轮相关尺寸	测量方法符合要求		
		计算分度圆尺寸 ϕd_4	计算方法符合要求		
		绘制齿轮并标注	见图 8-19		
		测量 ϕd_5,L_7 台阶尺寸	测量方法符合要求		
		绘制台阶三并标注	见图 8-20		
		测量 ϕd_6,L_8 台阶尺寸	测量方法符合要求		
		绘制台阶四并标注	见图 8-21		
		测量 ϕd_7 台阶外径尺寸	测量方法符合要求		
		绘制台阶五并标注	见图 8-22		
		测量 L_9,L_{10},L_{11},L_{12} 键槽的相关尺寸	测量方法符合要求		
		绘制键槽视图并标注	见图 8-23		
3	绘制工程图	设计公差并绘制工程图	见图 8-24	240	
				总计:500	

五、项目评价

根据表 8-5 完成任务检测。

表 8-5 任务检测标准

序号	检测内容	执行标准	自评	教师评
1	测量要求	使用方法正确,读数无误 —A		
		使用方法正确,读数有误 —B		
		使用方法不正确,读数有误 —C		
2	制图标准	图纸内容完整,视图表达合理 —A		
		图纸内容完整,视图表达不合理 —B		
		图纸内容不完整,视图表达不合理 —C		
3	安全文明	工量具使用规范,无安全事故 —A		
		工量具使用不规范,但无安全事故 —B		
		出现安全事故,工量具或零件损坏 —C		

项目练习
XIANGMU LIANXI

一、判断题

1. 齿轮轴是典型的支架类零件。 （　　）

2. 标准直齿轮的结构有齿轮轴、实心式、腹板式、孔板式和轮辐式等多种形式。 （　　）

3. 画在视图外的断面图，其轮廓线用细实线绘制。 （　　）

4. 齿轮轴上齿的数量可以通过清点来得出。 （　　）

5. 平键不属于标准件，必须通过精确测量得出。 （　　）

二、选择题

1. 单个圆柱齿轮视图，齿顶圆和齿顶线用（　　）绘制。

A. 粗实线　　　　　　B. 细实线　　　　　　C. 细点画线　　　　　　D. 细虚线

2. （　　）是用来支承轴的标准部件。

A. 键　　　　　　B. 齿轮　　　　　　C. 滚动轴承　　　　　　D. 销

3. 一圆柱正齿轮，模数 $m=2.5$，齿数 $z=40$ 时，齿轮的齿顶圆直径为（　　）。

A. 100　　　　　　B. 105　　　　　　C. 93.5　　　　　　D. 102.5

4. 假想用剖切面将机件的某处切断，仅画出其断面的图形，这个图形称为（　　）。

A. 基本视图　　　　B. 剖视图　　　　C. 全剖视图　　　　D. 断面图

5. 已知轴的主视图（见图 8-25），选择正确的移出断面图（见图 8-26）。（　　）

图 8-25　轴的主视图　　　　　　　图 8-26　移出断面图选择

项目九　泵体的测绘与制图

学习项目名称	泵体的测绘与制图
情境应用	齿轮泵
基础知识点	泵体的结构认知 孔间距的测量方法 局部剖视图的画法
操作技能点	泵体的测绘
课程场地	"机械测绘与制图"课程教室
设计课时	21 课时

图 9-1　泵体

一、项目应用

泵体(见图 9-1)是各种泵上的重要零件,是机器或部件的基础。无论是飞机、火箭、坦克、潜艇,还是钻井、采矿、火车、船舶,或者是在日常的生活中,到处都需要用泵,有泵的地方就有泵体。泵体在齿轮泵上的应用如图 9-2 所示。

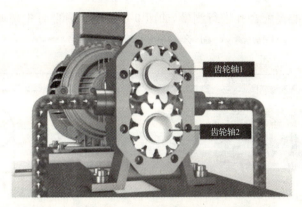

图 9-2　泵体的应用

二、项目认知

齿轮泵体

（1）结构认知

泵体的作用是支撑各种传动轴、包围旋转的叶轮、形成密封的型腔,保证各轴之间的中心距和平行度,并保证泵体之间与底座正确安装。如图 9-3 所示,泵体的结构主要有定位销孔、锁紧螺孔、进出油口、齿轮腔、底板、连接孔。如图 9-4 所示,定位销孔一般对称分布两个即可,防止泵体与盖之间位移。锁紧螺孔整圈分布和垫圈配合,才能有效防止漏油。

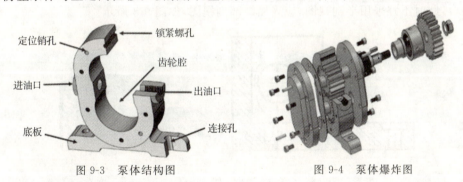

图 9-3　泵体结构图　　　　　　　图 9-4　泵体爆炸图

（2）孔间距测量方法

孔间距的测量:测孔的中心距最基本的方法是间接法。

第一种,测量两孔直径和孔壁最短的距离,如图 9-5 所示。测量时先测出 A_1 和 d,则 $A = A_1 + d$,即两孔之间的距离。

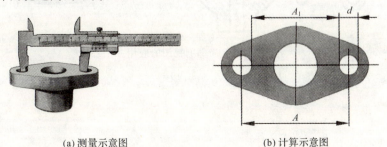

(a) 测量示意图　　　　　　　(b) 计算示意图

图 9-5　孔间距的测量与计算示意图 1

第二种,使用标准棒配合孔进行测量,如图 9-6 所示。测量时先选取标准棒和孔进行配合,后测量两标准棒之间的距离 A_1,那么两孔距离为 A。

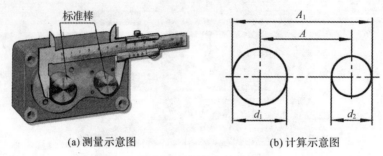

(a) 测量示意图　　　　　　　　(b) 计算示意图

图 9-6　孔间距的测量与计算示意图 2

三、制图知识

局部剖视图:用剖切面局部地剖开物体所获得的剖视图,称为局部剖视图。

1. 局部剖视图的应用

局部剖视图应用比较灵活,适用范围较广,主要用于内、外结构都需要表示的情形。

(1)需要同时表达不对称机件的内外形状时,可以采用局部剖视图,如图 9-7 所示。

(2)虽有对称面,但投影使得视图和剖视图的分界线为粗实线,也就是粗实线与对称中心线重合,此时不宜采用半剖视图,应采用局部剖视图,如图 9-8 所示。

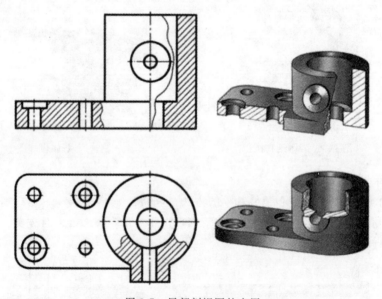

图 9-7　局部剖视图的应用

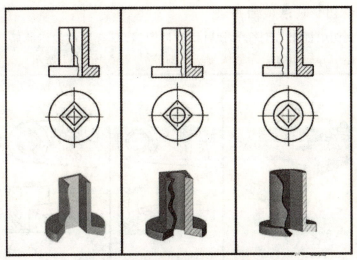

图 9-8　不适合半剖的局部剖视图

(3)实心轴中的孔槽结构,宜采用局部剖视图,如图 9-9 所示。灵活使用局部剖视图,以避免在不需要剖切的实心部分画过多的剖面线。

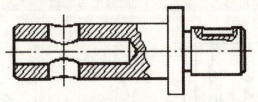

图 9-9　轴类结构采用局部剖视图

(4)表达物体各种类型的底板、凸缘上的均匀分布小孔等结构时,可分别采用局部剖视图,如图 9-10 所示。

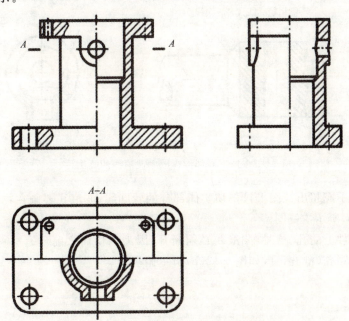

图 9-10　底板上均匀分布孔的局部剖视图

2.局部剖视图中波浪线的画法

(1)局部剖视图中视图与剖视的分界线为波浪线；只有当被剖切的局部结构为回转体时，允许将回转体中心线作为局部剖视与视图的分界线，如图 9-11 所示。

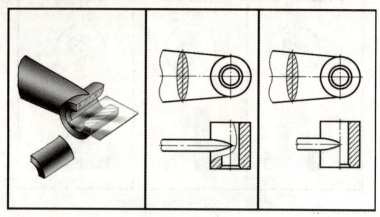

图 9-11　局部剖视图中回转轴线为分界线

(2)波浪线不应画在粗实线的延长线上，即波浪线和粗实线的端点不要相交，也不能用轮廓线代替波浪线，如图 9-12(a)所示。

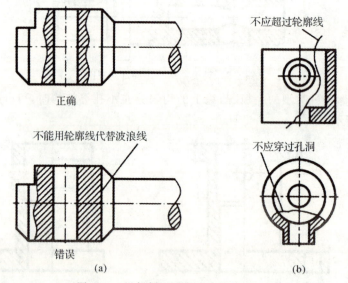

图 9-12　局部剖视图中波浪线的画法

(3)波浪线不应超出视图上被剖切实体部分的轮廓线，波浪线要画在物体上有材料的地方，如图 9-12(b)所示主视图。

(4)遇到零件上的孔、槽时，波浪线必须断开，因为剖切面之前没有材料，也就没有假想的断裂边，不能穿孔(槽)而过，如图 9-12(b)所示俯视图。

四、项目实施

1. 项目概述

本项目的任务是测绘齿轮泵泵体,并绘制出工程图。齿轮泵泵体立体图如图 9-13 所示。

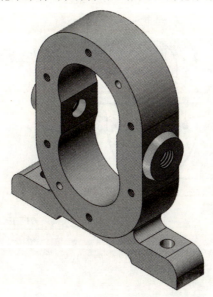

图 9-13　齿轮泵泵体立体图

2. 工艺设计

（1）核对工量具清单（见表 9-1）

表 9-1　工量具清单

序号	名　称	规　格	数量
1	齿轮泵泵体		1 个
2	工业擦拭纸		若干
3	绘图工具		1 套
4	游标卡尺	0~200m(0.02mm)	1 把
5	深度游标卡尺	0~150m(0.02mm)	1 把
6	高度尺	0~300mm	1 把
7	千分尺	0~25mm(0.01mm)	1 把
8	千分尺	25~50mm(0.01mm)	1 把
9	万能角度尺	0~320°	1 把
10	55°螺距规	0.4P~6P	1 套
11	辅助心棒 1		1 根
12	辅助心棒 2		1 根
13	圆弧样板套装	$R1\sim R6.5$ $R7\sim R14.5$ $R15\sim R25$ $R25\sim R50$ $R52\sim R100$	1 套

（2）选择尺寸基准

该泵体长、高两个方向的主要基准分别是齿轮腔体的中心轴线和下底面。进出口轴线为高度方向的辅助基准，如图 9-14 所示。

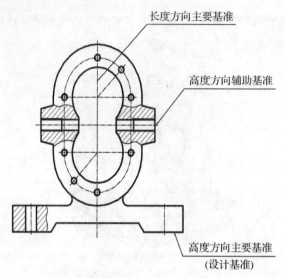

图 9-14　设计基准

（3）测绘制图步骤

①绘制长度方向基准、高度方向基准,用高度尺配合心棒测量 L_1,L_2,L_3,绘制基准图并标注尺寸,如图 9-15 所示。

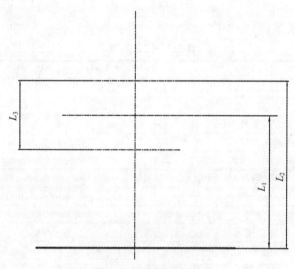

图 9-15　绘制基准图

②用游标卡尺测量 L_4,L_5,L_6,L_7,L_8,ϕd_1,ϕd_2,用角度尺测量 β_1,用圆弧样板测量 R_1,R_2,绘制齿轮泵泵体外轮廓主视图,并标注尺寸,如图 9-16 所示。

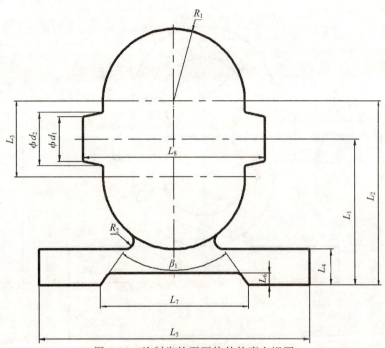

图 9-16　绘制齿轮泵泵体外轮廓主视图

③用游标卡尺测量 ϕD_3，ϕD_4，L_9，绘制齿轮泵泵体内腔主视图，并标注尺寸，如图 9-17 所示。

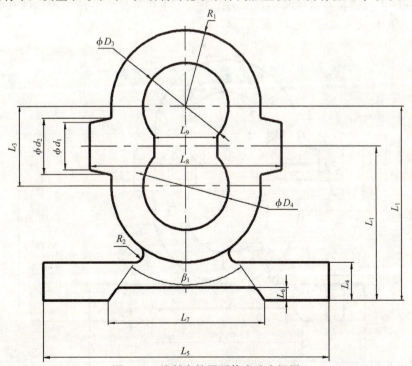

图 9-17　绘制齿轮泵泵体内腔主视图

④用圆弧样板测量 R_3 并绘制中心线，用游标卡尺测量螺孔 $M(1)$ 并绘制 6 个锁紧螺孔，用角度尺测量 β_2，β_3，并绘制中心线，在中心线与 R_3 交叉处绘制 2 个 ϕD_5 定位孔，并标注尺寸，如图 9-18 所示。

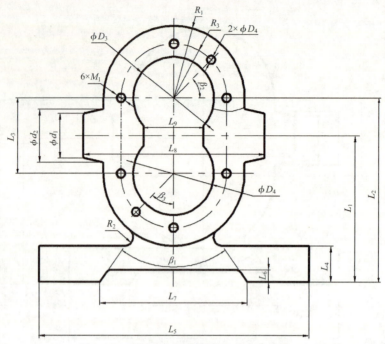

图 9-18　绘制 6 个锁紧螺孔及 2 个定位孔

⑤用游标卡尺测量 $G(2)$，ϕD_6，L_{10}，用深度游标卡尺测量 L_{11}，绘制进出油孔和底座孔局部剖视图，并标注尺寸，如图 9-19 所示。

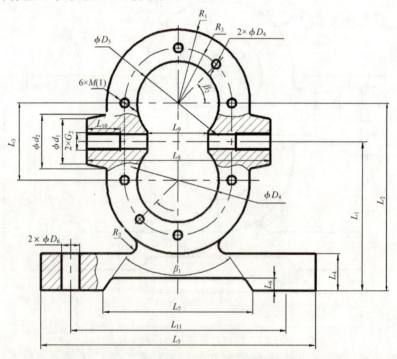

图 9-19　制进出油口螺纹及底部螺栓连接孔局部剖视图

⑥绘制 B 向视图，中心线表达孔对称分布，如图 9-20 所示。

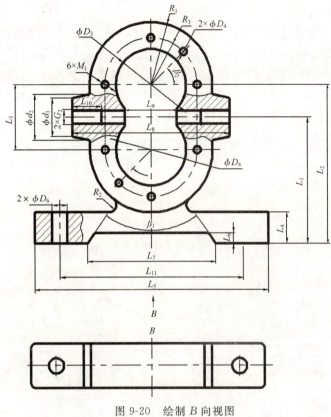

图 9-20　绘制 B 向视图

⑦用游标卡尺测量 L_{13}，L_{14}，L_{15}，绘制齿轮泵泵体左视图，采用全剖视图，并标注尺寸，如图 9-21 所示。

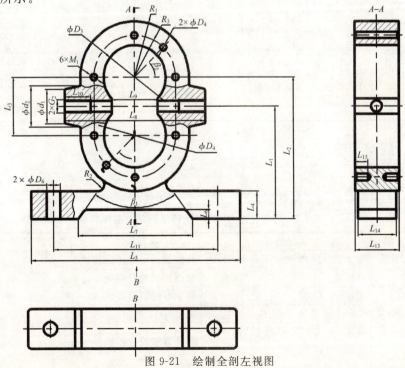

图 9-21　绘制全剖左视图

（4）绘制工程图

泵体两轴系孔的中心距是齿轮传动的重要参数,可根据齿轮的模数和齿数计算而得,6 个螺钉孔与销孔分布在左右两个圆弧上,其中销孔需和泵盖配合,设计公差。底座两孔的中心距及泵体的厚度,都需要设计公差,表面质量设计基准面为 $Ra1.6$,其他各主要表面可选用 $Ra3.2 \sim 6.3$,其余选用 $Ra12.5$,不加工表面为毛坯面。泵体为铸件,另外,对去毛刺、未注倒角 $1 \times 45°$、未注圆角 R_2、未注公差等要求提出 2 项文字说明,如图 9-22 所示。

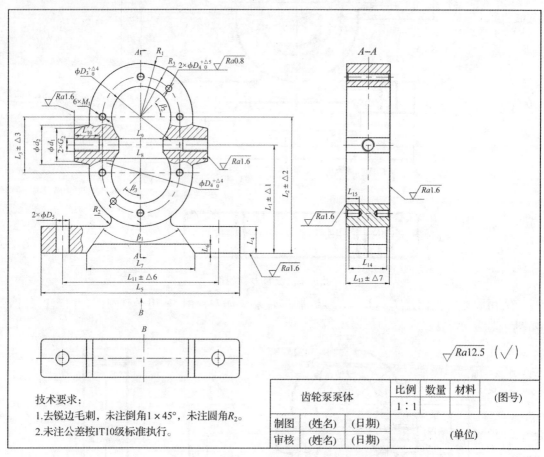

技术要求:
1.去锐边毛刺,未注倒角 $1 \times 45°$,未注圆角 R_2。
2.未注公差按 IT10 级标准执行。

齿轮泵泵体		比例	数量	材料	（图号）
		1：1			
制图	（姓名）	（日期）			
审核	（姓名）	（日期）		（单位）	

图 9-22　齿轮泵泵体工程图

3.任务执行

根据表 9-2 完成对齿轮泵泵体的测绘。

表 9-2　项目任务执行表（执行结果用 √ 表示）

序号	执行步骤	执行内容	执行标准	参考时间/min	执行结果
1	核对工量具清单	按工量具清单领用工具与量具,并检查	判断工具可否正常使用	20	
			校准量具是否准确		
2	测绘齿轮泵泵体	测量 L_1,L_2,L_3	测量方法符合要求	280	
		绘制主要基准	见图 9-15		
		测量 L_4,L_5,L_6,L_7,L_9,β_1,R_1,R_2,ϕd_1,ϕd_2	测量方法符合要求		

(续表)

序号	执行步骤	执行内容	执行标准	参考时间/min	执行结果
		绘制齿轮泵泵体主视图外轮廓	见图 9-16		
		测量 ϕD_3, ϕD_4, L_9	测量方法符合要求		
		绘制齿轮泵体内腔	见图 9-17		
		测量 $R(3)$, $M(1)$, ϕD_5	测量方法符合要求		
		绘制 6 个锁紧螺孔及 2 个定位孔	见图 9-18		
		测量 $G(2)$, L_{10}, ϕD_6, L_{11}	测量方法符合要求		
		绘制进出油口螺纹及底部螺栓连接孔局部剖视图	见图 9-19		
		测量 L_{12}	测量方法符合要求		
		绘制 B 向视图	见图 9-20		
		测量 L_{13}, L_{14}	测量方法符合要求		
		绘制齿轮泵泵体左视图	见图 9-21		
3	绘制工程图	设计公差并绘制工程图	见图 9-22	280	
				总计:580	

五、项目评价

根据表 9-3 完成任务检测。

表 9-3　任务检测标准

序号	检测内容	执行标准	自评	教师评
1	测量要求	使用方法正确,读数无误　—A		
		使用方法正确,读数有误　—B		
		使用方法不正确,读数有误　—C		
2	制图标准	图纸内容完整,视图表达合理　—A		
		图纸内容完整,视图表达不合理　—B		
		图纸内容不完整,视图表达不合理　—C		
3	安全文明	工量具使用规范,无安全事故　—A		
		工量具使用不规范,但无安全事故　—B		
		出现安全事故,工量具或零件损坏　—C		

项目练习
XIANGMU LIANXI

一、判断题

1.泵体是各种泵上的重要构件,是机器或部件的基础。　　　　　　　　　（　　　）

2.用剖切面局部地剖开物体所获得的剖视图,称为剖视图。　　　　　　　（　　　）

3.测量孔的中心距最基本的方法是间接法。　　　　　　　　　　　　　　（　　　）

4.局部剖视图应用比较灵活,适用范围较广,主要用于内外结构都需要表示的情形。

　　　　　　　　　　　　　　　　　　　　　　　　　　　　　　　　（　　　）

5.局部剖视图上,波浪线不能穿孔而过,如遇孔、槽等结构时,波浪线必须断开。（　　　）

二、选择题

1.局部剖视图中视图与剖视的分界线为(   )。

A.细实线   B.粗实线   C.虚线   D.波浪线

2.两孔的中心距一般都用(   )测量法测量。

A.直接   B.间接   C.随机   D.系统

3.如图 9-23 所示,已知孔的大小是 $\phi 10\text{mm}$,两孔的中心距是(   )mm。

A.76   B.66   C.56   D.46

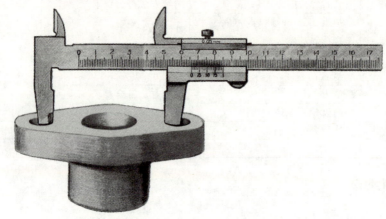

图 9-23　孔间距的测量示意图

项目十　六角头螺栓与六角螺母的测绘与制图

学习项目名称	六角头螺栓与螺母的测绘与制图
情境应用	汽车
基础知识点	内、外螺纹的简化画法 螺纹的标注方法
认知技能点	螺距规的正确使用
操作技能点	螺栓与螺母的测绘
课程场地	"机械测绘与制图"课程教室
设计课时	14 课时

(a) 六角头螺栓　　　　　　　　　　　(b) 六角螺母

图 10-1　六角头螺栓与六角螺母实物图

一、项目应用

六角头螺栓和六角螺母实物图如图 10-1 所示。螺纹连接是一种可拆卸的固定连接,具有结构简单、连接可靠、装拆方便等优点。螺纹连接适用范围非常广,常用于机床设备、军工、航天、船舶、汽车(见图 10-2)、农业机械、桥梁、建筑等场合。

图 10-2　螺纹连接的应用

二、项目认知

1. 认识螺距规

螺距规是测量螺纹螺距的一种工具,它具有操作简便、劳动强度小、生产效率高、成本低等优点。螺距规是成套使用的,每套螺距规上有多片不同螺距的样板,螺距规结构如图 10-3 所示。

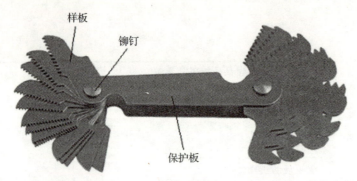

图 10-3　螺距规

2. 螺距规的规格

根据螺纹牙型角的不同,常用螺距规的规格有英制 55°和公制 60°两种。

测量范围:英制 55°螺距规一般适用于螺距为 1/4in～1/62in;公制 60°螺距规一般适用于螺距为 0.25mm～6.0mm。

3. 螺距规的使用方法

螺距规上每片样板都有螺距的标识,将螺距样板放在被测螺纹上,能相互吻合又没有间隙的就是合适的,再看一下样板上的螺距数值,就是该螺纹的螺距,如图 10-4 所示。

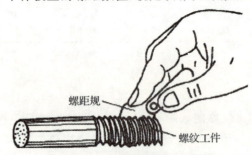

图 10-4　螺距规测量螺纹螺距

三、制图知识

螺纹指的是在圆柱或圆锥母体表面上制出的螺旋线形的、具有特定截面的连续凸起和沟槽。螺纹凸起部分的顶端叫牙顶,沟槽的底部叫牙底。螺纹按其母体形状的不同分为圆柱螺纹和圆锥螺纹;按其在母体上所处位置的不同分为外螺纹和内螺纹。

1. 螺纹的基本要素

（1）牙型

螺纹牙型：在通过螺纹轴线的剖面上，螺纹的轮廓形状称为牙型。常见的螺纹牙型有普通螺纹（三角形）、梯形螺纹、锯齿形螺纹、管螺纹。

（2）螺纹的直径（见图 10-5）

螺纹大径：与外螺纹牙顶或内螺纹牙底相切的假想圆柱面的直径，称为螺纹大径。外螺纹大径用 d 表示，内螺纹大径用 D 表示。

螺纹小径：与外螺纹牙底或内螺纹牙顶相切的假想圆柱面的直径，称为螺纹小径。外螺纹小径用 d_1 表示，内螺纹小径用 D_1 表示。

螺纹中径：是一个假想圆柱的直径，该圆柱的母线通过牙型上沟槽和凸起宽度相等的位置。外螺纹中径用 d_2 表示，内螺纹中径用 D_2 表示。

外螺纹大径和内螺纹小径称为顶径，除管螺纹外，螺纹大径为螺纹公称尺寸。

（3）线数

螺纹的线数是指形成螺纹时的螺旋线条数。螺纹线条数用 n 表示，有单线螺纹、双线螺纹和多线螺纹之分。

（4）螺距和导程（见图 10-5）

螺纹相邻两牙在中径线上对应两点间的轴向距离称为螺距，用 P 表示。同一条螺旋线上相邻两牙在中径线上对应两点间的轴向距离称为导程，用 Ph 表示，$Ph = Pn$。

（5）旋向

螺纹旋向有左旋和右旋之分。顺时针旋转时旋入的螺纹是右旋螺纹；逆时针旋转时旋入的螺纹是左旋螺纹。工程上常用右旋螺纹。

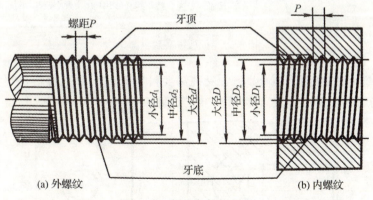

图 10-5 螺纹各部分名称

2. 内、外螺纹的简化画法

制图中为了画图方便，螺纹一般不按真实投影作图，国家标准规定了螺纹的简化画法。

（1）外螺纹的简化画法

螺纹牙顶（大径）和螺纹终止线用粗实线表示；螺纹牙底（小径）用细实线表示，并画进螺杆的倒角部位。通常，小径按大径的 0.85 倍画出。在投影为圆的视图中，表示牙底的细实线圆约画 3/4 圈，倒圆省略不画，如图 10-6 所示。

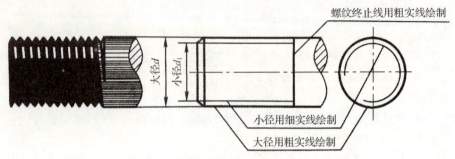

图 10-6　外螺纹的简化画法

（2）内螺纹的简化画法

内螺纹一般应画成剖视图，螺纹牙底（大径）用细实线表示，螺纹牙顶（小径）和螺纹终止线用粗实线表示，剖面线画到粗实线处；在投影为圆的视图中，表示牙底的细实线约画 3/4 圈，倒角圆省略不画；内螺纹不剖时，所有图线均用细虚线绘制。如图 10-7 所示。

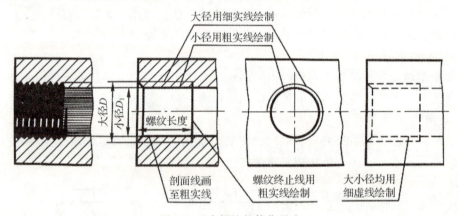

图 10-7　内螺纹的简化画法

对于没有穿通的螺纹孔，应分别画出钻孔深度和螺纹深度，钻孔深度比螺纹有效深度深 1.2～1.5 倍的螺纹大径，钻孔底部锥角按 120°绘制，如图 10-8 所示。

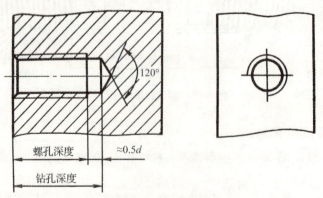

图 10-8　没有穿通螺纹孔的简化画法

3.螺纹的标注

螺纹按简化画法画出后,图上并没有反映出其牙型、螺距、线数、旋向等结构要素,必须按规定格式在图中进行标注。螺纹种类不同,其标记和标注方法也不同。其中普通螺纹在实践生产中应用最为广泛,下面以普通螺纹为例进行螺纹标记和标注。

普通螺纹完整标记格式:

| 特征代号 | | 公称直径 | × | 导程(螺距) | － | 中径和顶径公差带代号 | － | 旋合长度代号 | － | 旋向 |

①特征代号:表示螺纹牙型为普通螺纹,代号为 M。

②公称直径:表示螺纹大径值。

③导程(螺距):粗牙螺纹省略螺距标注,细牙螺纹应标出螺距;单线螺纹只标注螺距,多线螺纹应同时标出导程和螺距。

④中径和顶径公差带代号:由表示公差等级的数字和基本偏差代号的字母组成,外螺纹用小写字母,内螺纹用大写字母。若中径和顶径公差带代号相同,则只标出一个公差带代号。

⑤旋合长度:旋合长度代号分为 S(短)、N(中等)、L(长)三种,若是 N 则省略,也可直接标出旋合长度数值。

⑥旋向:右旋螺纹省略标注,左旋螺纹标注 LH。

例:普通螺纹标注,如图 10-9 所示。

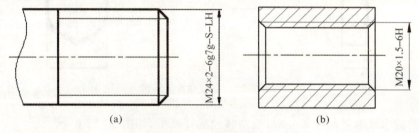

(a)　　　　　　　　　　　　　(b)

图 10-9　普通螺纹标注

含义:

如图 10-8(a)所示,其含义是:细牙普通螺纹,公称直径为 24mm,螺距为 2mm,中径和顶径公差带代号分别为 6g、7g,短旋合长度,左旋。

如图 10-8(b)所示,其含义是:细牙普通螺纹,公称直径为 20mm,螺距为 1.5mm,中径和顶径公差带代号均为 6H,中等旋合长度,右旋。

四、项目实施

1.项目概述

本项目的任务是测绘六角头螺栓与六角螺母,并绘制出工程图。

2.工艺设计

测绘任务一:测绘六角头螺栓。

六角头螺栓实物图如图 10-10 所示。

图 10-10　六角头螺栓实物图

（1）核对工量具清单（见表 10-1）

表 10-1　工量具清单

序号	名　称	规　格	数量
1	游标卡尺	$0 \sim 100\mathrm{mm}$	1 把
2	螺距规	公制 $60°$	1 套
3	表面粗糙度样板	$Ra0.1 \sim Ra12.5$	1 套
4	绘图工具	铅笔、橡皮、A4 图纸	1 套

（2）测绘六角头螺栓

①用游标卡尺分别测量出尺寸 L_1，L_2，绘制螺栓头视图，如图 10-11 所示。

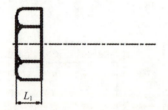

图 10-11　测绘螺栓头结构

②用游标卡尺测量尺寸 L_3，ϕd，绘制螺栓底杆视图，如图 10-12 所示。

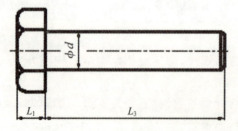
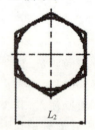

图 10-12　测绘螺栓底杆

③用游标卡尺测量 L_4，用螺距规测量螺纹螺距 P，绘制外螺纹视图，如图 10-13 所示。

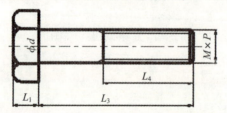
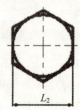

图 10-13　测绘外螺纹部分

（3）绘制工程图（见图 10-14）

零件设计要求为：未注圆角为 R_2；未注倒角为 $2\times45°$；未注尺寸公差为 IT10 级，表面粗糙度全部为 $Ra6.3$。

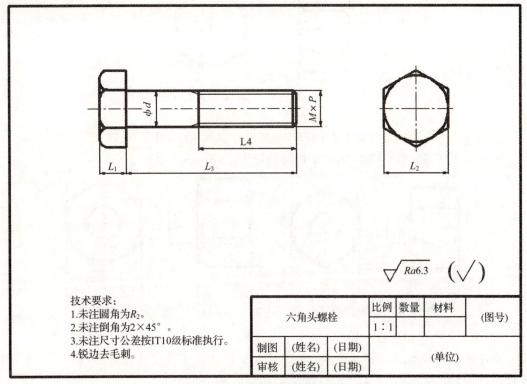

技术要求：
1.未注圆角为R_2。
2.未注倒角为$2\times45°$。
3.未注尺寸公差按IT10级标准执行。
4.锐边去毛刺。

六角头螺栓		比例	数量	材料	（图号）
		1：1			
制图	（姓名）	（日期）		（单位）	
审核	（姓名）	（日期）			

图 10-14　六角头螺栓工程图

测绘任务二：测绘六角螺母。

六角螺母实物图如图 10-15 所示。

图 10-15　六角螺母实物图

（1）核对工量具清单（见表 10-2）

表 10-2　工量具清单

序号	名　称	规　格	数量
1	游标卡尺	0～100mm	1 把
2	螺距规	公制 60°	1 套
3	两点式内径千分尺	5～30mm	1 把
4	表面粗糙度样板	$Ra0.1$～$Ra12.5$	1 套
5	绘图工具	铅笔、橡皮、A4 图纸	1 套

（2）测绘六角螺母

①用游标卡尺分别测量出尺寸 L_1，L_2，绘制螺母坯视图，如图 10-16 所示。

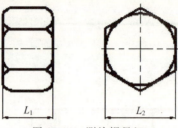

图 10-16　测绘螺母坯

②用内径千分尺测量内螺纹底孔 ϕD，绘制螺母底孔视图，如图 10-17 所示。

③用螺距规测量螺纹螺距 P，绘制内螺纹视图，如图 10-18 所示。

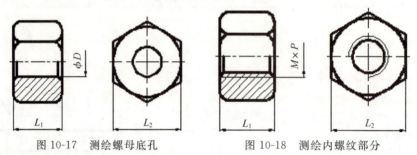

图 10-17　测绘螺母底孔　　　　　图 10-18　测绘内螺纹部分

（3）绘制工程图（见图 10-19）

零件设计要求为：未注圆角为 R_2；未注倒角为 $2 \times 45°$；未注尺寸公差为 IT10 级，表面粗糙度全部为 $Ra6.3$。

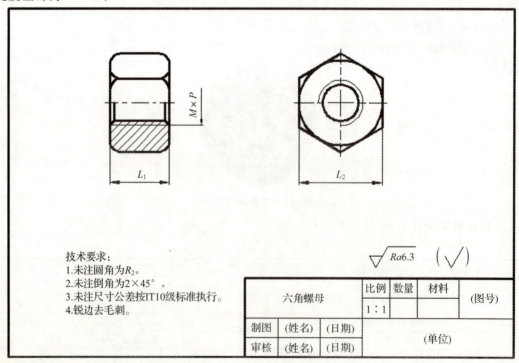

技术要求：
1.未注圆角为R_2。
2.未注倒角为$2 \times 45°$。
3.未注尺寸公差按IT10级标准执行。
4.锐边去毛刺。

$\sqrt{Ra6.3}$　$(\sqrt{})$

六角螺母	比例	数量	材料	（图号）
	1：1			
制图	（姓名）	（日期）		（单位）
审核	（姓名）	（日期）		

图 10-19　六角螺母工程图

3.任务执行

任务一:测绘六角头螺栓。

根据表10-3完成六角头螺栓测绘。

表 10-3　项目任务执行表(执行结果用√表示)

序号	执行步骤	执行内容	执行标准	参考时间/min	执行结果
1	核对工量具清单	按工量具清单领用工具与量具,并检查	所选工量具符合工量具清单要求,见表10-1	15	
2	测绘六角头螺栓	测量尺寸 L_1,L_2	测量方法正确	80	
			测量尺寸正确		
		绘制螺栓头视图	见图10-11		
		测量尺寸 L_3,ϕd	测量方法正确		
			测量尺寸正确		
		绘制螺栓底杆视图	见图10-12		
		测量螺纹有效长度 L_4、螺距 P	测量方法正确		
			测量尺寸正确		
		绘制外螺纹视图	见图10-13		
3	绘制工程图	设计技术要求并绘制工程图	见图10-14	40	
				总计:135	

任务二:测绘六角螺母。

根据表10-4完成六角螺母测绘。

表 10-4　项目任务执行表(执行结果用√表示)

序号	执行步骤	执行内容	执行标准	参考时间/min	执行结果
1	核对工量具清单	按工量具清单领用工具与量具,并检查	所选工量具符合工量具清单要求,见表10-2	15	
2	测绘六角螺母	测量尺寸 L_1,L_2	测量方法正确	70	
			测量尺寸正确		
		绘制螺母坯视图	见图10-16		
		测量内螺纹底孔 ϕD	测量方法正确		
			测量尺寸正确		
		绘制螺母底孔视图	见图10-17		
		测量螺纹螺距 P	测量方法正确		
			测量尺寸正确		
		绘制内螺纹视图	见图10-18		
3	绘制工程图	设计技术要求并绘制工程图	见图10-19	40	
				总计:125	

五、项目评价

根据表 10-5 完成任务检测。

表 10-5　任务检测标准

序号	检测内容	执行标准	自评	教师评
1	测量要求	使用方法正确,读数无误　—A		
		使用方法正确,读数有误　—B		
		使用方法不正确,读数有误　—C		
2	绘图情况	图纸内容完整,视图表达合理　—A		
		图纸内容完整,视图表达不合理　—B		
		图纸内容不完整,视图表达不合理　—C		
3	安全文明	工具摆放整齐,量具、仪表使用规范,无安全事故　—A		
		工量具或零件损坏,但无安全事故　—B		
		工量具或零件损坏,出现安全事故　—C		

六、知识拓展——内、外螺纹旋合的画法和标记格式

1. 内、外螺纹旋合的画法

只有内、外螺纹的基本要素相同时,内、外螺纹才能旋合。内、外螺纹旋合一般画成剖视图,旋合部分按照外螺纹画法来画,其余部分按照各自画法画出,如图 10-20 所示。

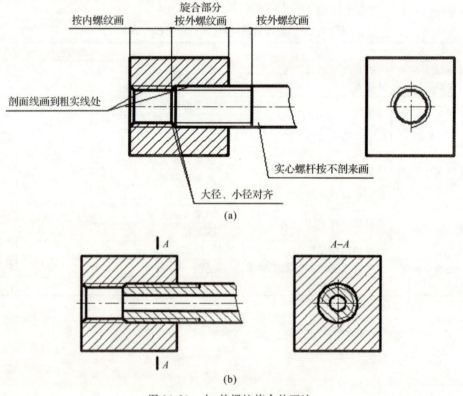

(a)

(b)

图 10-20　内、外螺纹旋合的画法

画图时注意：外螺纹大径（粗实线）与内螺纹大径（细实线）要对齐，外螺纹小径（细实线）与内螺纹小径（粗实线）要对齐，剖面线均应画到粗实线处。剖切面通过螺纹轴线时，实心螺杆按不剖来画。

2. 内、外螺纹旋合标记格式

内、外普通螺纹旋合的标记格式与普通螺纹的标记格式相似，其公差带代号用斜线分开，左边表示内螺纹公差带代号，右边表示外螺纹公差带代号。

内、外普通螺纹旋合标注如图 10-21 所示。

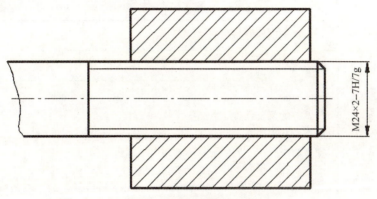

图 10-21　内、外普通螺纹旋合标注

项目练习

一、填空题

1. 根据螺纹牙型角不同，常用螺距规规格有_____和_____两种。

2. 螺纹凸起部分的顶端叫_____，沟槽的底部叫_____。

3. 根据螺旋线在母体上所处位置不同，螺纹可以分为_____和_____两种。

4. 与外螺纹牙顶或内螺纹牙底相切的假想圆柱面的直径，称为_____。

5. 螺纹相邻两牙在中径线上对应两点间的轴向距离称为_____。

6. 解释螺纹标记含义：M18×1.5—7H _____。

二、判断题

1. 螺栓螺母连接是一种不可拆卸的固定连接。（　　）

2. 从螺纹标记 M12×1—6g，可以看出该螺纹是外螺纹。（　　）

3. 从螺纹标记 M24×4(P2)—6H，可以看出该螺纹是单线内螺纹。（　　）

4. 内螺纹一般应画成剖视图，螺纹的牙底（大径）用细实线表示，牙顶（小径）和螺纹终止线用粗实线表示。（　　）

5. 螺纹旋合时，旋合部分按照外螺纹画法来画，其余部分按照各自画法画出。（　　）

项目十一　六柱鲁班锁的测绘与制图

学习项目名称	六柱鲁班锁的测绘与制图
情境应用	智力玩具
基础知识点	尺寸公差 公差带图及公差带 配合的基本概念 配合制度 配合的种类
操作技能点	六柱鲁班锁多面体的测绘
课程场地	"机械测绘与制图"课程教室
设计课时	14 课时

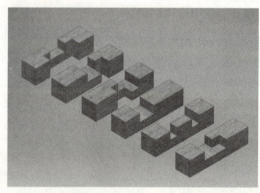

图 11-1　六柱鲁班锁

一、项目应用

　　鲁班锁起源于中国古代建筑的榫卯结构,其玩法是将这种三维的拼插器具内部的凹凸部分进行啮合,六柱鲁班锁如图 11-1 所示。原创为木质结构,从外观看是严丝合缝的十字立方体,如图 11-2 所示。鲁班锁类玩具比较多,形状和内部的构造各不相同,一般都是易拆难装。拼装时需要仔细观察,认真思考,分析其内部结构。鲁班锁有利于开发大脑、灵活手指,不仅是一种很好的益智玩具,还是机械课程中很好的教学教具。

图 11-2　鲁班锁

二、项目认知

鲁班锁又称孔明锁、八卦锁,是中国古代传统的土木建筑固定结合器,也是广泛流传于中国民间的智力玩具。鲁班锁不用钉子和绳子,完全靠自身结构的连接支撑。

鲁班锁的种类各式各样,千奇百怪。其中以最常见的六柱(第一代、第二代或 A 类、B类)和九柱的鲁班锁(第三代或 C 类)最为著名。其中,六柱的鲁班锁又按照地区、设计理念的不同,在构造上也不同。按照榫形,把六柱鲁班锁主要分为两大类:A 类和 B 类。当然,六柱鲁班锁的榫形是远远不局限于这两种的。九柱鲁班锁,挑选其中的若干根,可以完成"六合榫""七星结""八达扣""鲁班锁"。九种榫形要同时满足不同数量实现四种咬合结构,实为不易之事。

民间按照榫卯结构逐渐触类旁通,又在标准鲁班锁的基础上派生出了许多其他高难度的鲁班锁,其种类复杂多变,本节课主要学习和认知标准六柱鲁班锁的测绘与制图。

三、制图知识

1.尺寸公差

尺寸公差简称公差,是指上极限尺寸减去下极限尺寸所得的差值,或上偏差减去下偏差所得的差值。注意:公差仅表示尺寸允许变动的范围,是指某种区域大小的数量指标,所以公差不是代数值,没有正、负值之分,也不可能为零。

2.公差带图及公差带

公差带图(或尺寸公差带图)是指以公称尺寸为零线(即零偏差线),用适当的比例,画出两极限偏差或两极限尺寸,以表示尺寸允许的变动界限及范围,如图 11-3 所示。正偏差位于零线上方,负偏差位于零线下方。

公差带(或尺寸公差带)是指在公差带图解中,由代表上偏差和下偏差或上极限尺寸与下极限尺寸的两条直线所限定的区域。

在国家标准中,公差带包括了"公差带大小"(即宽度)和"公差带的位置"(指相对于零线的位置)两个参数。前者由标准公差确定,后者由基本偏差确定。

①标准公差:国家标准规定的、用于确定公差带大小的任一公差。

②基本偏差:基本偏差是用来确定公差带相对于零线位置的上偏差或下偏差,一般指靠近零线的那个偏差。当公差带位于零线以上时,其基本偏差为下偏差;当公差带位于零线以下时,其基本偏差为上偏差,如图 11-4 所示。

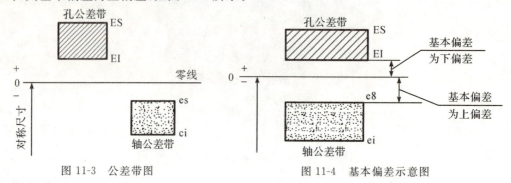

图 11-3 公差带图   图 11-4 基本偏差示意图

3. 配合的基本概念

机器装配时,为达到各种使用要求,零件装配后必须要达到设计时给定的松紧程度。我们把公称尺寸相同、互相结合的孔和轴公差带之间的关系,称为配合。

4. 配合制度

国家标准中,配合制度分为基孔制和基轴制。具体内容如表 11-1 所示。

表 11-1 配合制度

术语		定义与特征
配合制度	基孔制	基本偏差代号为 h 的轴与不同基本偏差的孔的公差带组成的配合,如图 11-5(a)所示
	基轴制	基本偏差代号为 H 的孔与不同基本偏差的轴的公差带组成的配合,如图 11-5(b)所示

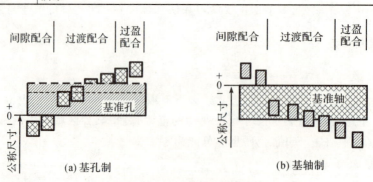

(a)基孔制   (b)基轴制

图 11-5 配合制度示意图

5. 配合的类别

国家标准中,根据孔和轴公差带相对位置的不同,配合可分为间隙配合、过盈配合和过渡配合三类,具体内容如表 11-2 所示。

表 11-2 配合类别及配合特点

术语		定义与特点
配合的类别	间隙配合	孔的尺寸减去与其配合的轴的尺寸所得的值为正值,此代数差为间隙,代号为 X。最大间隙和最小间隙分别用 X_{max} 和 X_{min} 表示。配合特点:孔的公差带在轴的公差带上方,如图 11-6 所示
	过盈配合	孔的尺寸减去与其配合的轴的尺寸所得的值为负值,此代数差为过盈,代号为 Y。最大过盈和最小过盈分别用 Y_{max} 和 Y_{min} 表示。配合特点:孔的公差带在轴的公差带下方,如图 11-7 所示
	过渡配合	孔的尺寸减去与其配合的轴的尺寸所得的值可为正值也可为负值。配合特点:孔和轴的公差带相互重叠,如图 11-8 所示
配合公差		反映配合的松紧变化程度,表示配合精度

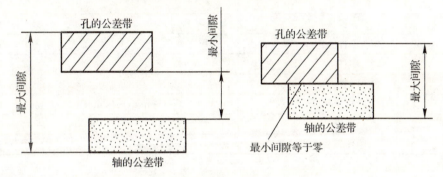

图 11-6 间隙配合公差带示意图

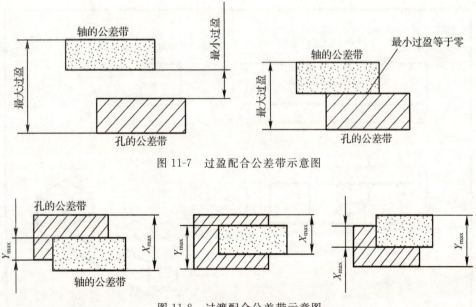

图 11-7 过盈配合公差带示意图

图 11-8 过渡配合公差带示意图

四、项目实施

1.项目概述

本项目的任务是测绘六柱鲁班锁零件,并完成相应的工程图。

2.工艺设计

(1)核对工量具清单(见表 11-3)

表 11-3　六柱鲁班锁工量具清单

序号	名　　称	规　　格	数量
1	零件 1		1 个
2	零件 2		1 个
3	零件 3		1 个
4	零件 4		1 个
5	零件 5		1 个
6	零件 6		1 个
7	游标卡尺	0~150mm(0.02mm)	1 把
8	图纸		6 张
9	绘图工具		1 套

(2)六柱鲁班锁的测绘

①测绘零件 1,并画出三视图,如图 11-9 所示。

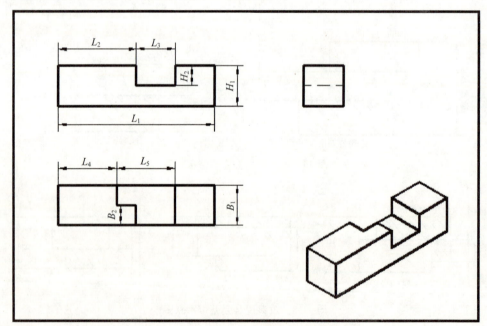

图 11-9　零件 1

②测绘零件2,并画出三视图,如图11-10所示。

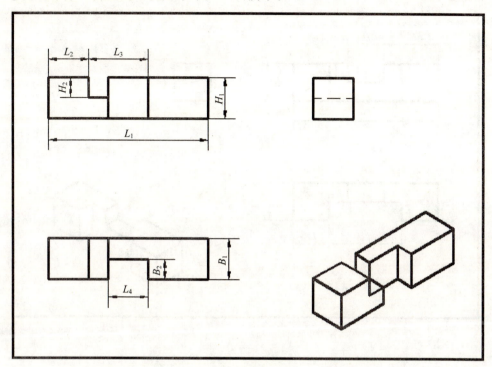

图 11-10　零件 2

③测绘零件 3,并画出三视图,如图 11-11 所示。

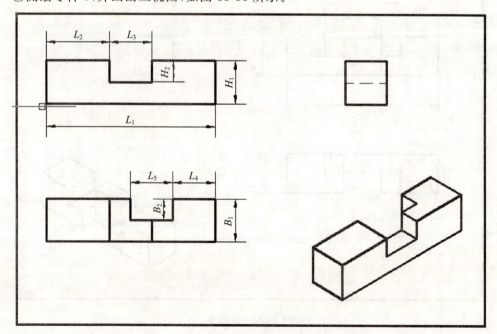

图 11-11　零件 3

④测绘零件 4,并画出三视图,如图 11-12 所示。

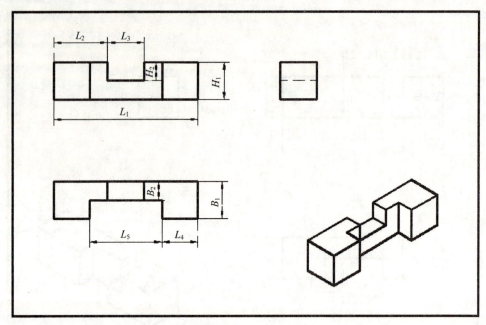

图 11-12 零件 4

⑤测绘零件 5,并画出三视图,如图 11-13 所示。

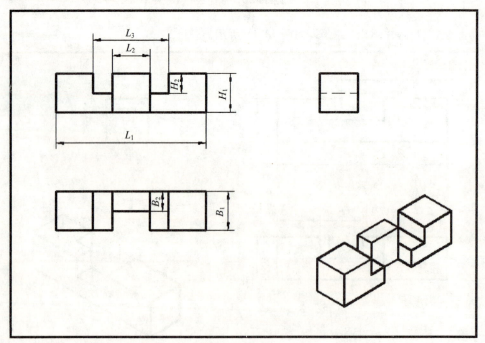

图 11-13 零件 5

⑥测绘零件 6,并画出三视图,如图 11-14 所示。

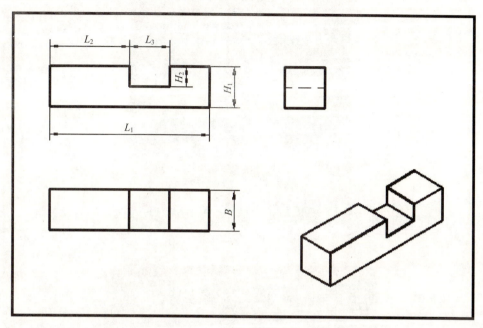

图 11-14　零件 6

(3)六柱鲁班锁的装配

①零件 1 和零件 2 装配,如图 11-15 所示。

②零件 3 装配,如图 11-16 所示。

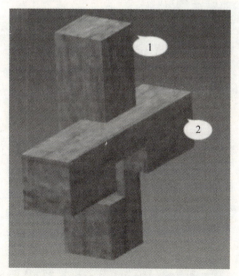

图 11-15　零件 1 和零件 2 装配

图 11-16　零件 3 装配

③零件 4 装配,如图 11-17 所示。

④零件 5 和零件 6 装配,如图 11-18 所示。

⑤完成最后装配,如图 11-19 所示。

图 11-17　零件 4 装配

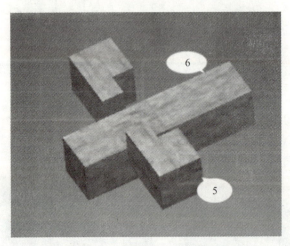

图 11-18　零件 5 和零件 6 装配

图 11-19　完成最后装配

(4)绘制六柱鲁班锁各零件的工程图

设计尺寸公差和技术要求,完成工程图。设计尺寸公差时一般凹槽类结构多为正偏差,镶嵌类结构多为负偏差。

①完成零件1工程图,如图11-20所示。

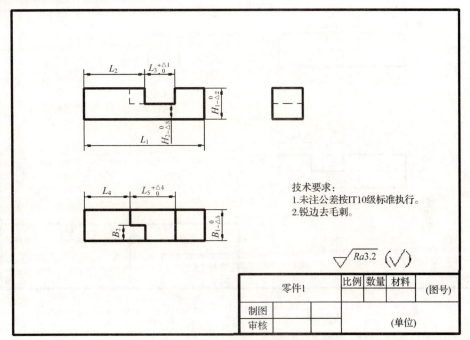

技术要求:
1.未注公差按IT10级标准执行。
2.锐边去毛刺。

零件1		比例	数量	材料	(图号)
	制图				(单位)
	审核				

图 11-20　零件 1 工程图

②完成零件 2 工程图,如图 11-21 所示。

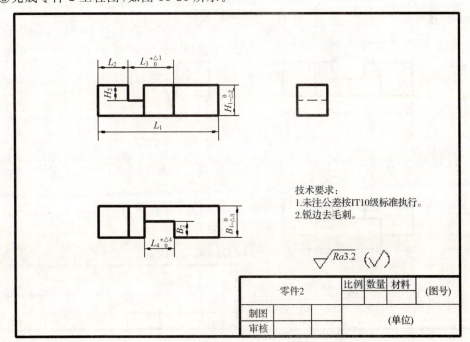

技术要求:
1.未注公差按IT10级标准执行。
2.锐边去毛刺。

零件2		比例	数量	材料	(图号)
	制图				(单位)
	审核				

图 11-21　零件 2 工程图

③完成零件 3 工程图,如图 11-22 所示。

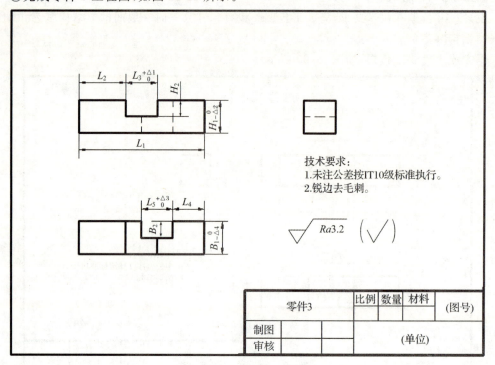

技术要求:
1.未注公差按IT10级标准执行。
2.锐边去毛刺。

$\sqrt{Ra3.2}$ ($\sqrt{}$)

零件3		比例	数量	材料	(图号)
制图				(单位)	
审核					

图 11-22　零件 3 工程图

④完成零件 4 工程图,如图 11-23 所示。

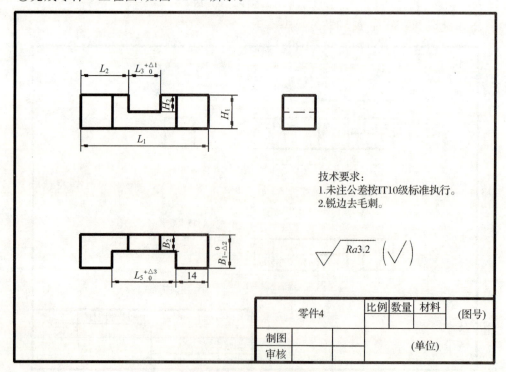

技术要求:
1.未注公差按IT10级标准执行。
2.锐边去毛刺。

$\sqrt{Ra3.2}$ ($\sqrt{}$)

零件4		比例	数量	材料	(图号)
制图				(单位)	
审核					

图 11-23　零件 4 工程图

⑤完成零件 5 工程图,如图 11-24 所示。

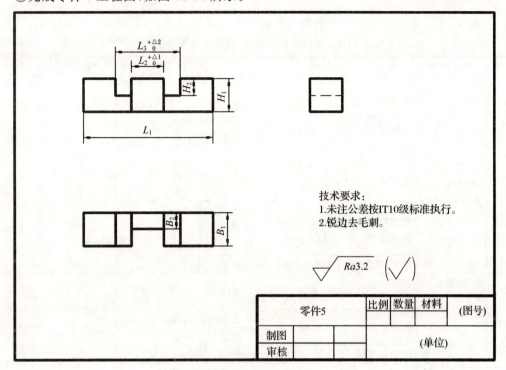

技术要求:
1.未注公差按IT10级标准执行。
2.锐边去毛刺。

图 11-24 零件 5 工程图

⑥完成零件 6 工程图,如图 11-25 所示。

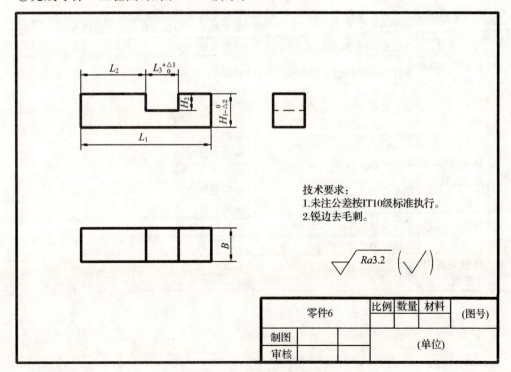

技术要求:
1.未注公差按IT10级标准执行。
2.锐边去毛刺。

图 11-25 零件 6 工程图

3.任务执行

根据 11-4 完成六柱鲁班锁的测绘与装配。

表 11-4 项目任务执行表(执行结果用√表示)

序号	执行步骤	执行内容	执行标准	参考时间/min	执行结果
1	核对工量具清单	按工量具清单领用工具与量具,并检查	所选工量具符合工量具清单要求,见表 11-3	10	
2	测绘六柱鲁班锁零件 1	测量零件 1 尺寸 L_1, H_1, B_1	测量方法正确	40	
			测量尺寸正确		
		绘制长方体	绘图正确		
		测量零件 1 尺寸 L_2, L_3, H_2	测量方法正确		
			测量尺寸正确		
		绘制通槽	绘图正确		
		测量零件 1 尺寸 L_4, L_5, B_2	测量方法正确		
			测量尺寸正确		
		绘制加宽的槽,并擦去交线	绘图正确		
3	绘制零件 1 工程图	设计公差并绘制工程图	见图 11-20	30	
4	测绘六柱鲁班锁零件 2	测量零件 2 尺寸 L_1, H_1, B_1	测量方法正确	40	
			测量尺寸正确		
		绘制长方体	绘图正确		
		测量零件 2 尺寸 L_2, L_3, H_2	测量方法正确		
			测量尺寸正确		
		绘制通槽	绘图正确		
		测量零件 2 尺寸 L_4, B_2	测量方法正确		
			测量尺寸正确		
		绘制竖向的槽,并擦去交线	绘图正确		
5	绘制零件 2 工程图	设计公差并绘制工程图	见图 11-21	30	
6	测绘六柱鲁班锁零件 3	测量零件 3 尺寸 L_1, H_1, B_1	测量方法正确	40	
			测量尺寸正确		
		绘制长方体	绘图正确		
		测量零件 3 尺寸 L_2, L_3, H_2	测量方法正确		
			测量尺寸正确		
		绘制通槽	绘图正确		
		测量零件 3 尺寸 L_4, L_5, B_2	测量方法正确		
			测量尺寸正确		
		绘制竖向的槽,并擦去交线	绘图正确		
7	绘制零件 3 工程图	设计公差并绘制工程图	见图 11-22	30	

（续表）

序号	执行步骤	执行内容	执行标准	参考时间/min	执行结果
8	测绘六柱鲁班锁零件4	测量零件4尺寸 L_1,H_1,B_1	测量方法正确	40	
			测量尺寸正确		
		绘制长方体	绘图正确		
		测量零件4尺寸 L_2,L_3,H_2	测量方法正确		
			测量尺寸正确		
		绘制通槽	绘图正确		
		测量零件4尺寸 L_4,L_5,B2	测量方法正确		
			测量尺寸正确		
		绘制竖向的槽	绘图正确		
9	绘制零件4工程图	设计公差并绘制工程图	见图11-23	30	
10	测绘六柱鲁班锁零件5	测量零件5尺寸 L_1,H_1,B_1	测量方法正确	40	
			测量尺寸正确		
		绘制长方体	绘图正确		
		测量零件5尺寸 L_2,L_3,H_2	测量方法正确		
			测量尺寸正确		
		绘制两条通槽	绘图正确		
		测量零件5尺寸 B_2	测量方法正确		
			测量尺寸正确		
		绘制竖向的槽,并擦去交线	绘图正确		
11	绘制零件5工程图	设计公差并绘制工程图	见图11-24	30	
12	测绘六柱鲁班锁零件6	测量零件6尺寸 L_1,H_1,B_1	测量方法正确	40	
			测量尺寸正确		
		绘制长方体	绘图正确		
		测量零件6尺寸 L_2,L_3,H_2	测量方法正确		
			测量尺寸正确		
		绘制通槽	绘图正确		
13	绘制零件6工程图	设计公差并绘制工程图	见图11-25	30	
14	六柱鲁班锁的装配	装配零件1、零件2	见图11-15	20	
		安装零件3	见图11-16		
		安装零件4	见图11-17		
		安装零件5、零件6	见图11-18		
		组合所有零件	见图11-19		
		组装完成			
				总计:450	

五、项目评价

根据表 11-5 完成任务检测。

表 11-5　任务检测标准

序号	检测内容	执行标准	自评	教师评
1	测量要求	使用方法正确,读数无误　—A		
		使用方法正确,读数有误　—B		
		使用方法不正确,读数有误　—C		
2	绘图情况	图纸内容完整,视图表达合理　—A		
		图纸内容完整,视图表达不合理　—B		
		图纸内容不完整,视图表达不合理　—C		
3	安全文明	工具摆放整齐,量具、仪表使用规范,无安全事故　—A		
		工量具或零件损坏,但无安全事故　—B		
		工量具或零件损坏,出现安全事故　—C		

六、项目拓展——常见鲁班锁

鲁班锁的种类复杂多变,下面展示几种常见的鲁班锁(见图 11-26)。

图 11-26　常见鲁班锁

一、填空题

1.公差是指_____减去_____所得的差值,或_____

减去_____所得的差值。

2.配合制度分为_____和_____。

3.配合类别分为_____、_____和_____三类。其中孔的公差带在轴的公差带上方属于_____,孔的公差带在轴的公差带下方属于_____,孔和轴的公差带相互重叠属于_____。

4.基本偏差是用来确定公差带相对于零线位置的上偏差或下偏差,一般指靠近_____的那个偏差。当公差带位于零线以上时,其基本偏差为_____偏差;当公差带位于零线以下时,其基本偏差为_____偏差,

5._____反映配合的松紧变化程度,表示_____。

二、选择题

1.(　　)仅表示尺寸允许变动的范围。

A.上极限偏差　　　B.公差　　　　　C.下极限偏差　　　D.基本偏差

2.尺寸公差带图的零线表示(　　)。

A.极限尺寸　　　　B.公称尺寸　　　C.实际尺寸　　　　D.测量尺寸

3.当孔的上极限偏差小于相配合的轴的下极限偏差时,此配合性质为(　　)。

A.间隙配合　　　　B.过渡配合　　　C.过盈配合　　　　D.都不是

4.孔 $\phi 50$ 上偏差 $+0.021$,下偏差 0,与轴 $\phi 50$ 上偏差 -0.020,下偏差 -0.033 相配合时,其最大间隙是(　　)。

A.0.033　　　　　B.0.02　　　　　C.0.054　　　　　D.0.041

5.孔 $\phi 50$ 上偏差 $+0.025$,下偏差 0,与轴 $\phi 50$ 上偏差 $+0.059$,下偏差 $+0.042$ 相配合时,其最大过盈是(　　)。

A.-0.024　　　　B.-0.42　　　　C.-0.018　　　　D.-0.059

项目十二 箱座的测绘与制图

学习项目名称	箱座的测绘与制图
情境应用	二级减速器
基础知识点	箱座的结构认知 箱体上各结构的作用 铸造工艺结构 机械加工工艺结构
操作技能点	箱座的测绘
课程场地	"机械测绘与制图"课程教室
设计课时	28 课时

图 12-1　减速器箱体

一、项目应用

减速器箱体(见图 12-1)是减速器的基础部件,一般制成剖分式结构,即把一个箱体分成上、下两个部分,分别加工制造;然后在剖分面处通过螺栓将两个半箱体连成一个整体,如图 12-2所示。

图 12-2　减速器箱体的应用

二、项目认知

(1)减速器箱座的结构认知

箱座零件主要用于支承、包容其他零件,机器或部件的外壳、机座及主体等均属于箱座类零件。此类零件的结构往往较为复杂,一般带有空腔、轴孔、肋板、凸台、沉孔及螺孔等结构,支承孔处常设有加厚凸台或加强肋,表面过渡线较多。如图 12-3、图 12-4 所示。

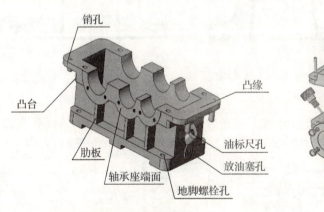

图 12-3　箱座结构图

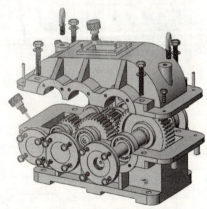

图 12-4　减速器箱座爆炸图

(2)箱座上各结构的作用

①加强肋:在箱盖和箱座的轴承座处,因对轴和轴承起支承作用,故此处应有足够的刚度,一般要有加强肋。加强肋可分为内肋、外肋两种形式,内肋的刚度大,但阻碍润滑油滚动,且铸造工艺复杂,故一般采用外肋。

②箱体凸缘:为保证箱盖和箱座的连接刚度,其连接部分应有较厚的连接凸缘,上面钻有螺栓孔和定位销孔。

③凸台或凹坑:为减少加工面,螺栓连接处,螺栓孔都制成凸台或凹坑。箱座高度应保

证拧动螺母所需的足够扳手空间。

④箱体内腔空间：箱体的内尺寸由轴系零件排布空间来决定。为保证润滑和散热的需要，箱内应有足够的润滑油量和深度。为避免油搅动时沉渣泛起，一般大齿轮齿顶到油池底面的距离不得小于 30～35mm。

⑤油沟：当滚动轴承采用脂润滑时，为了提高箱体的密封性，有时在箱体的剖分面上制出回油沟，以使飞溅的润滑油能通过回油沟和回油道流回油池。

⑥箱体结构工艺性：箱体壁厚应尽量均匀，壁厚变化处应有过渡斜度，应有起模斜度和铸造圆角。

⑦箱体机加工结构工艺性：箱体的轴承座外端面、窥视孔、通气塞、吊环螺钉、油标和放油塞等结合处为加工面，均应有凸台或凹坑，以减少加工面，增大接触面。

三、制图知识

零件的形状和结构，除了应满足使用上的要求外，还应具有合理的工艺结构。零件上常见的工艺结构大多是通过铸造和机械加工获得的。

1.铸造工艺结构

(1)起模斜度

在铸造零件毛坯时，为了便于将木模(或金属模)从砂型中取出，铸件的内外壁沿起模方向应设计成具有一定的斜度，称为起模斜度。通常起模斜度约为 $1：20～1：10(3°～6°)$。这种斜度在图上可以不标注，也可不画出，如图 12-5 所示。必要时，可在技术要求中注明。

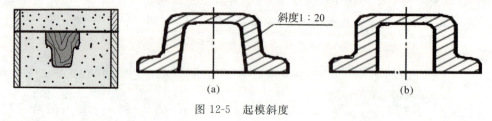

图 12-5　起模斜度

(2)铸造圆角

为防止砂型尖角脱落和避免铸件冷却收缩时在尖角处开裂或产生缩孔，铸件各表面相交处应做成圆角。这种因铸造要求而做成的圆角称为铸造圆角，如图 12-6 所示。

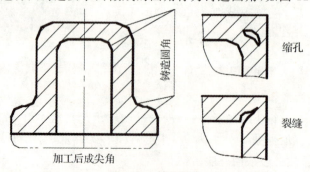

图 12-6　铸造圆角

(3)壁厚均匀

在浇铸零件时，为了避免各部分因冷却速度不同而产生缩孔或裂纹，铸件的壁厚应保持大致均匀,或采用逐渐过渡的方法,尽量保持壁厚均匀,如图 12-7 所示。

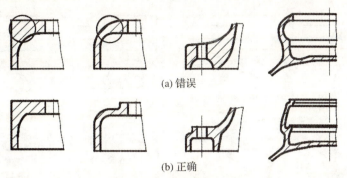

(a) 错误

(b) 正确

图 12-7　壁厚均匀

（4）过渡线

由于铸造圆角的影响,铸件表面的截交线、相贯线等变得不明显,为了便于看图时明确相邻两形体的分界面,要求画零件图时,仍按理论相交的部位画出其截交线和相贯线,但在交线两端或一端留出空白,此时的截交线和相贯线称为过渡线。

①两曲面相交过渡线的画法,如图 12-8 所示。

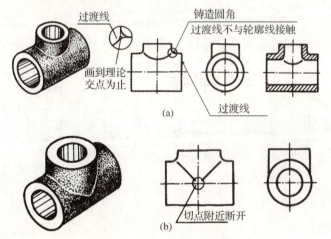

图 12-8　两曲面相交过渡线

②平面与平面、平面与曲面过渡线的画法,如图 12-9 所示。

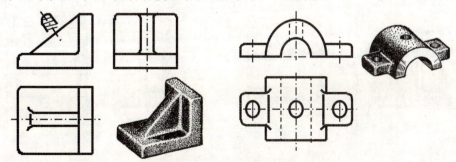

图 12-9　平面与平面、平面与曲面过渡线

③圆柱与肋板组合时过渡线的画法,如图 12-10 所示。

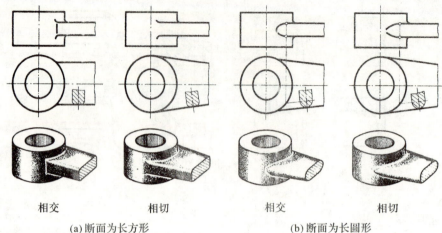

相交　　　　　相切　　　　　相交　　　　　相切

(a)断面为长方形　　　　　(b)断面为长圆形

图 12-10　圆柱与肋板组合时过渡线

2.机械加工工艺结构

(1)倒角和倒圆

如图 12-11 所示,为了便于装配和安全操作,轴或孔的端部应加工成倒角;为了避免在阶梯轴或孔上应力集中而产生裂纹,轴肩处应加工成圆角过渡。

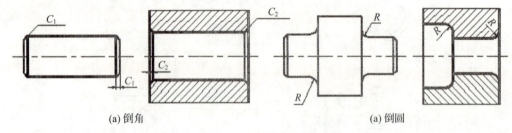

(a)倒角　　　　　　　　　(a)倒圆

图 12-11　倒角和倒圆

(2)退刀槽和越程槽

在车螺纹或研磨时,为了便于退出刀具或砂轮,保证加工质量,在被加工面的终端应预先加工出退刀槽和越程槽,如图 12-12 所示。

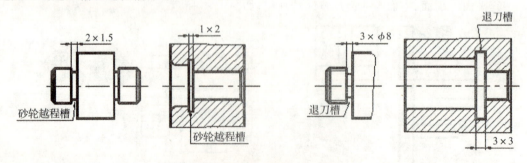

图 12-12　退刀槽和越程槽

（3）凸台或凹坑

为了减少加工面,保证两零件的表面接触良好,常将两零件的接触面做成凸台或凹坑,如图 12-13 所示。

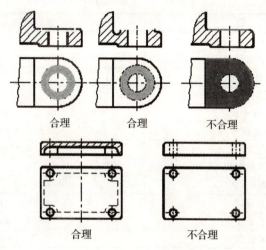

图 12-13　凸台或凹坑

（4）钻孔结构

为了保证孔的精度和避免钻头折断,钻孔时,应尽可能使钻头轴线与被钻孔表面垂直,如图 12-14 所示。

图 12-14　钻孔结构

四、项目实施

1.项目概述

本项目的任务是测绘二级减速器箱座,如图 12-15 所示,并绘制出工程图。

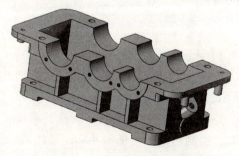

图 12-15　减速器箱座三维图

2. 工艺设计

(1)核对工量具清单(见表 12-1)

表 12-1　工量具清单

序号	名　　称	规　　格	数量
1	二级减速器箱座		1个
2	工业擦拭纸		若干
3	绘图工具		1套
4	钢直尺	$0\sim150$mm	
5	游标卡尺	$0\sim200$mm(0.02mm)	1把
6	深度游标卡尺	$0\sim150$mm(0.02mm)	1把
7	高度尺	$0\sim300$mm(0.02mm)	1把
8	万能角度尺	$0°\sim320°$	1把
9	螺距规	$0.4P\sim6P$	1把
10	千分尺	$0\sim25$mm(0.01mm)	1把
11	千分尺	$25\sim50$mm(0.01mm)	1把
12	半径规	$R1\sim R6.5,R7.5\sim R15$	1套

(2)选择尺寸基准

箱体长、宽、高三个方向的主要基准分别为左边轴承座的中心轴线、箱座对称中心面、箱座上表面,如图 12-16 所示。

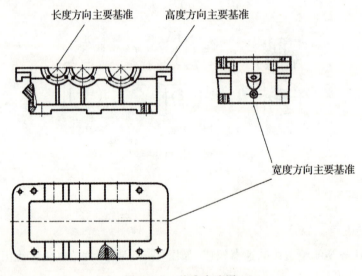

图 12-16　基准表达图

(3)测绘制图步骤

①用高度尺测量高度方向基准 L,用游标卡尺测量长度方向 L_1,L_2,L_3,绘制箱座基准图并标注尺寸,如图 12-17 所示。

②用钢直尺、游标卡尺、深度游标卡尺分别测量减速器箱座尺寸 L_4,L_5,L_6,L_7,L_8,L_9,$L_{10},L_{11},L_{12},L_{13},L_{14},L_{15},L_{16}$,绘制箱座外轮廓图并标注尺寸,如图 12-18 所示。

③用游标卡尺测量箱座尺寸边缘厚度 L_{17}、加强肋板厚度 L_{18},用游标卡尺测量 R_1,R_2,

R_3, R_4, R_5, R_6，用万能角度尺测量 $\beta_1, \beta_2, \beta_3$，用游标卡尺测量螺纹底径，并计算得出 $12 \times M(1)$，绘制箱座侧面螺纹孔图并标注尺寸，如图 12-19 所示。

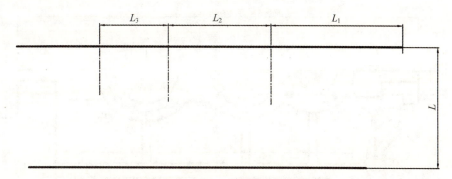

图 12-17　箱座基准图

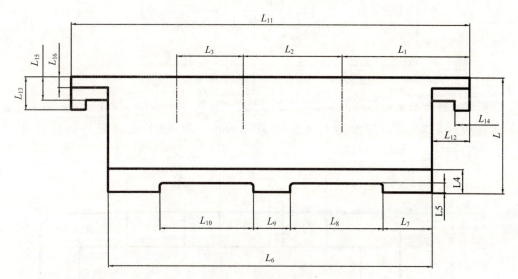

图 12-18　箱座外轮廓图

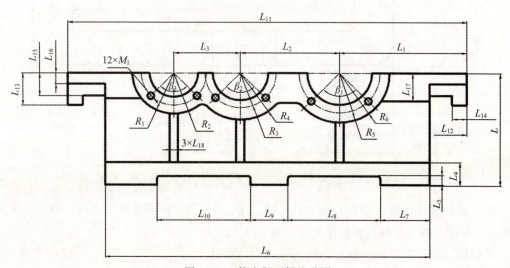

图 12-19　箱座侧面螺纹孔图

④用游标卡尺测量尺寸 L_{19}，$M(2)$，用钢直尺测量 L_{20}，用角度尺测量 β_4，绘制箱座加强肋板、测油孔和放油孔图并标注尺寸，如图 12-20 所示。

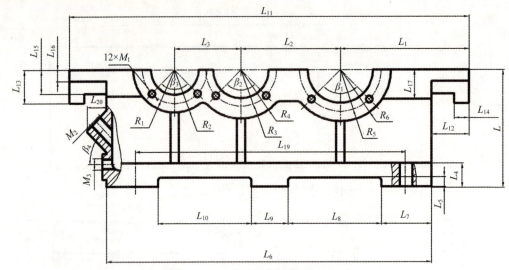

图 12-20　箱座加强肋、测油孔和放油孔图

⑤根据三视图投影规律画俯视图，用游标卡尺测量尺寸 L_{21}，L_{22}，L_{23}，L_{24}，L_{25}，L_{26}，L_{27}，用圆弧样板比较 R_7，R_8，用游标卡尺测量 ϕD_1，ϕD_2，ϕD_3，绘制俯视图并标注尺寸，如图 12-21所示。

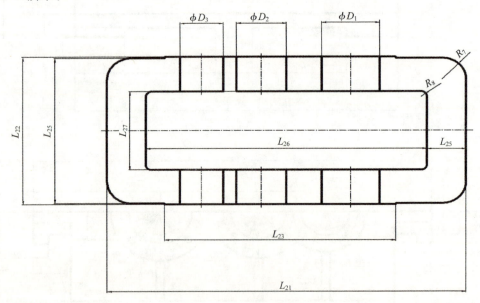

图 12-21　箱座俯视图

⑥用游标卡尺测量孔的定位尺寸 L_{28}，L_{29}，L_{30}，L_{31}，L_{32} 和连接孔 $4 \times \phi D_4$ 及定位销孔 $2 \times \phi D_5$，在俯视图上绘制孔并标注尺寸，如图 12-22 所示。

⑦根据三视图投影规律画左视图，用游标卡尺测量尺寸 L_{33}，L_{34}，L_{35}，L_{36}，绘制箱座左视图并标注尺寸，如图 12-23 所示。

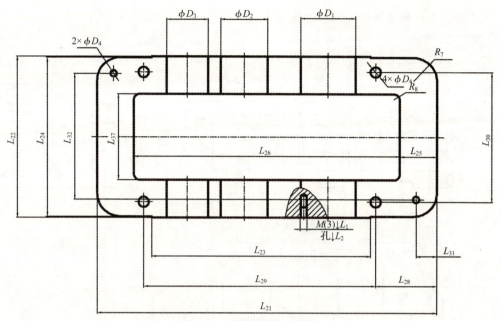

图 12-22　箱座俯视图上绘制孔

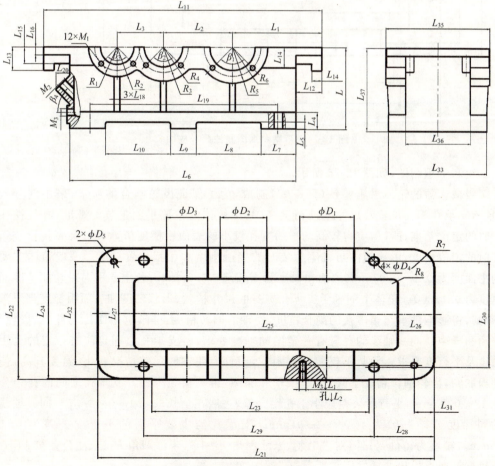

图 12-23　箱座左视图

⑧用游标卡尺测量测油孔和放油孔尺寸 L_{36},L_{37},L_{38},L_{39},L_{40},ϕD_6,ϕD_7,在左视图上绘制,如图 12-24 所示。

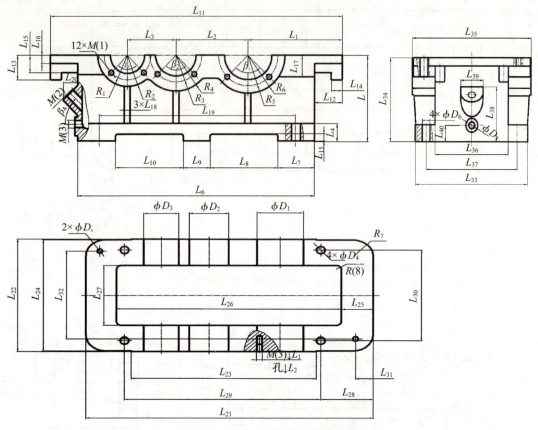

图 12-24　箱座左视图测油孔和放油孔

⑨绘制工程制图,如图 12-25 所示。

二级减速器的箱体采用铸铁(HT200)制成,为了保证齿轮啮合的质量,采用剖分式结构,轴承支承孔相互位置及尺寸基准精度高,其中箱体的主要平面是装配基准,并且往往是加工时的定位基准,所以,应有较高的平面度和较小的表面粗糙度值,否则,会直接影响箱体加工时的定位精度,影响箱体与机座总装时的接触刚度和相互位置精度。一般箱体主要平面的平面度为 $0.1 \sim 0.03$ mm,表面粗糙度为 $Ra2.5 \sim 0.63 \mu$m。各主要平面对装配基准面的垂直度为 0.1/300。箱体上的轴承支承孔本身的尺寸精度、形状精度和表面粗糙度都要求较高,否则,将影响轴承与箱体孔的配合精度,使轴的回转精度下降,也易使传动件(如齿轮)产生振动和噪声。同一轴线的孔应有一定的同轴度要求,各支承孔之间也应有一定的孔距尺寸精度及平行度要求,否则,不仅装配有困难,而且会使轴的运转情况恶化、温度升高,使轴承磨损加剧,齿轮啮合精度下降,引起振动和噪声,影响齿轮寿命。支承孔之间的孔距公差为 $0.12 \sim 0.05$ mm,平行度公差应小于孔距公差,一般在全长取 $0.1 \sim 0.04$ mm。同一轴线上孔的同轴度公差一般为 $0.04 \sim 0.01$ mm。支承孔与主要平面的平行度公差为 $0.1 \sim 0.05$ mm。箱座为铸件,另外,对去毛刺,未注倒角 $1 \times 45°$、未注圆角 R_2、未注公差按 IT10 级标准执行等要求提出 2 项文字说明。

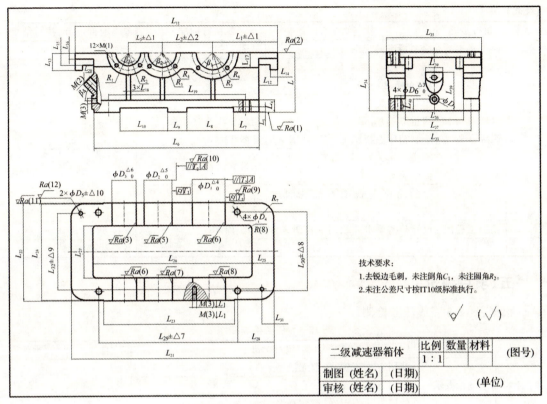

技术要求:
1.去锐边毛刺,未注倒角C_1,未注圆角R_2。
2.未注公差尺寸按IT10级标准执行。

二级减速器箱体	比例	数量	材料	(图号)
	1:1			
制图 (姓名)	(日期)		(单位)	
审核 (姓名)	(日期)			

图 12-25　二级减速器箱座工程图

3.任务执行

根据表 12-2 完成二级减速器箱座测绘。

表 12-2　项目任务执行表(执行结果用√表示)

序号	执行步骤	执行内容	执行标准	参考时间/min	执行结果
1	核对工量具清单	按工量具清单领用工具与量具,并检查	判断工具可否正常使用	20	
			校准量具是否准确		
2	测绘二级减速器箱座	测量 L,L_1,L_2,L_3	测量方法符合要求	520	
		绘制基准图	见图 12-17		
		测量 $L_4,L_5,L_6,L_7,L_8,L_9,L_{10}$,$L_{11},L_{12},L_{13},L_{14},L_{15},L_{16}$	测量方法符合要求		
		绘制箱座外轮廓图	见图 12-18		
		测量 $L_{17},L_{18},R_1,R_2,R_3,R_4$,$R_5,R_6,12\times M(1),\beta_1,\beta_2,\beta_3$	测量方法符合要求		
		绘制箱座侧面螺纹孔图	见图 12-19		
		测量 $L_{19},L_{20},M(2),\beta_4$	测量方法符合要求		
		绘制加强肋、测油孔和放油孔图	见图 12-20		
		测量 $L_{21},L_{22},L_{23},L_{24},L_{25},L_{26}$,$L_{27},R(7),R(8),\phi D_1,\phi D_2,\phi D_3$	测量方法符合要求		

(续表)

序号	执行步骤	执行内容	执行标准	参考时间/min	执行结果
2	测绘二级减速器箱座	绘制箱座俯视图	见图 12-21	520	
		测量 L_{28}，L_{29}，L_{30}，L_{31}，L_{32}，$4 \times \phi D_4$，$2 \times \phi D_5$	测量方法符合要求		
		绘制箱座俯视孔图	见图 12-22		
		测量 L_{33}，L_{34}，L_{35}，L_{36}	测量方法符合要求		
		绘制箱座左视图	见图 12-23		
		测量 L_{36}，L_{37}，L_{38}，L_{39}，L_{40}，ϕD_6，ϕD_7	测量方法符合要求		
		绘制箱座左视图测油孔和放油孔	见图 12-24		
3	绘制工程图	设计技术要求并绘制工程图	见图 12-25	400	
				总计：940	

五、项目评价

根据表 12-3 完成任务检测。

表 12-3 任务检测标准

序号	检测内容	执行标准	自评	教师评
1	测量要求	使用方法正确，读数无误 —A		
		使用方法正确，读数有误 —B		
		使用方法不正确，读数有误 —C		
2	制图标准	图纸内容完整，视图表达合理 —A		
		图纸内容完整，视图表达不合理 —B		
		图纸内容不完整，视图表达不合理 —C		
3	安全文明	工量具使用规范，无安全事故 —A		
		工量具使用不规范，但无安全事故 —B		
		出现安全事故，工量具或零件损坏 —C		

项目练习
XIANGMU LIANXI

一、判断题

1.箱座零件主要用于支承、包容其他零件，机器或部件的外壳、机座及主体等均属于箱座类零件。   （   ）

2.箱体的内尺寸由轴系零件排布空间来决定。   （   ）

3.加强肋可分为内肋、外肋两种形式，内肋的刚度大，但阻碍润滑油滚动，且铸造工艺复杂，故一般采用外肋。   （   ）

4.为了避免在阶梯轴或孔上应力集中而产生裂纹，轴肩处应加工成圆角过渡。 （   ）

二、选择题

1.箱座为避免油搅动时沉渣泛起，一般大齿轮齿顶到油池底面的距离不得小于（   ）mm。

A.30～35   B.35～40   C.40～45   D.45～50

2.支承孔处常设有加厚凸台或加强肋,表面过渡线较(　　)。

A.少　　　　　　　B.多　　　　　　　C.正常

3.为了保证孔的精度和避免钻头折断,钻孔时,应尽可能使钻头轴线与被钻孔表面(　　)。

A.垂直　　　　　　B.平行　　　　　　C.倾斜

4.在车螺纹时,为了便于退出刀具,在被加工面的终端应预先加工出(　　)

A.越程槽　　　　　B.退刀槽　　　　　C.圆弧

参考文献

[1]钱可强.机械制图[M].第4版.北京:高等教育出版社,2014.

[2]徐向红.机械零件的识图与测绘[M].上海:复旦大学出版社,2012.

[3]刘力,王冰.机械制图[M].第4版.北京:高等教育出版社,2013.

[4]郑英华.机械识图与识读一体化教程[M].上海:华东师范大学出版社,2017.

[5]张良华.公差配合与测量技术基础[M].北京:机械工业出版社,2017.

[6]梅荣娣.公差配合与技术测量[M].南京:江苏教育出版社,2009.

[7]浙江省教育厅职成教教研室组编.零件测量与质量控制技术[M].北京:高等教育出版社,2010.

[8]晏初宏.几何量公差配合与技术测量[M].上海:上海科学技术出版社,2011.

[9]孙开元,于战果.公差与配合速查手册[M].北京:化学工业出版社,2012.

[10]崔陵,娄海滨.机械识图[M].第2版.北京:高等教育出版社,2014.

附　录

《机械测绘与制图》"项目制·工作式"课程标准

中等职业教育是以培养学生技术技能和职业能力为主旨的教育。"机械测绘与制图"是机电制造类专业的入门专业课程,也是必修核心课程,是学生学习其他机械类专业课程的基础。

一、课程设计理念

1. 关注学生技术技能的培养,着力提高学生的职业能力

"机械测绘与制图"课程教学应当避免机械的、单一的技能训练,强调"做中学"学习中技能的形成、学习方法的掌握和课程知识的领悟三者之间的统一,注重在训练学生技术技能的同时,促进学生职业能力的发展。

2. 紧密联系企业的生产应用,努力反映技术的发展与应用

"机械测绘与制图"课程应紧密联系生活生产实际选择课程内容,在注重课程内容的基础性、通用性的同时,注重它的实用性;应注意从生活生产的技术内容向技术发展的延伸,使学生在掌握基础知识和基本技能的同时,有机会了解现代生产生活中技术发展的崭新成果和未来走向。

3. 注重学生创新创造思维的发展,加强学生工匠精神的培养

在学习活动中,要营造民主、活跃、进取的学习氛围;应充分利用课程的项目载体,培养学生的学习兴趣,激发学生的创造欲望;应通过项目制作、项目调试等活动,培养学生的探究能力和敢于创新、善于创造的精神和勇气,使学生的创造潜能得到良好的引导和有效的开发,使学生的实践能力得到进一步的发展。

4. 丰富学生的学习过程,倡导学习方式的多样化

学生的学习过程应是主动建构知识、不断拓展能力的过程,也是富有生机、充满探究、生动活泼的活动过程。在这个过程中,学生是学习的主体,教师是学习活动的引导者、帮助者,更是学生的亲密朋友。在课程的实施过程中,应当从学生的实际出发,根据学生的身心发展规律和技术技能学习特点,指导学生采取自主学习、合作学习、网络学习等多种学习方式,促进学生探究能力的提高、积极的情感态度与价值观的形成,以及终身学习能力的发展。

二、课程设计思路

根据课程的设计理念确立中职学生"机械测绘与制图"课程的培养目标,根据培养目标和学生认知程度,在教学内容的构建中采用工作式体系。第一,以生产生活中的实际产品作

为工作项目内容载体,以项目完成中的相关知识与技能、过程与方法、情感态度与价值观等因素形成思维导图式项目内容结构;第二,以工作项目知识技能的相关性及内在逻辑进行分类和组织,形成"从简单到复杂、从单一到综合"的课程项目体系;第三,本着"做中学、学中做"的原则,建立"以学生为中心、以任务为载体、以工作为标准"的教学生态,使学习者在行动中生成知识、经验和技能。课程设计思路如附图 1 所示。

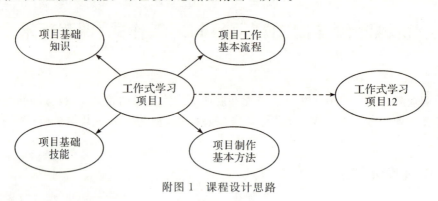

附图 1　课程设计思路

三、课程设计目标

通过本课程的学习,掌握制图最新国家标准的基本内容,具有查阅标准和手册的初步能力;具有正确使用绘图工具、技术测量工具的能力;掌握零件的测绘方法、典型零件的画法及标注方法;具有空间想象能力和空间构思的初步能力,培养学生空间思维和设计创造能力。为迎接未来社会挑战、提高生活质量、实现终身发展奠定基础。在实现以上目标的同时,注重学生创新精神和实践能力的培养,并着力在以下几个方面形成目标上的独特追求:技术技能的理解、使用、改进及决策能力;思维的表达与构思转化为操作方案的能力;知识的整合、应用及物化能力;创造性想象、批判性思维及问题解决的能力;技术应用的理解、评价及选择能力。

1.知识与技能

(1)知道机械制图有关的最新国家标准,具有查阅标准和手册的初步能力。

(2)掌握点线面的投影规律,合理制定零件的表达方案,见解应独特、明晰。

(3)了解常用测量器具的主要技术指标,正确使用测量工具,所测尺寸能作规范(或标准)处理。

(4)了解极限与配合的基本术语和定义,能通过查表和计算方法,确定极限偏差及公差。

(5)了解常用几何公差的符号与特征,掌握常用几何误差的检测方法。

(6)掌握零件的测绘方法、典型零件的画法及标注方法。

(7)从设计、工艺层面初步给出零件的技术要求。

(8)能对零件测绘过程和最后的工程图作出比较全面的评价。

2.过程与方法

(1)初步学会机械绘图、常用测量器具使用、常用几何误差的检测等过程,学会查阅标准和手册的初步能力。

(2)初步学会一些技术交流的方法,发展技术的表达和评价能力。

(3)初步学会综合运用所学知识和技能解决一些实际问题,培养理论运用于实践的能力。

（4）初步学会从产品生产的角度了解提出问题、分析问题、解决问题的流程，能多角度提出解决问题的方案，发展技术思维、创新能力和终身学习能力。

3.情感、态度与价值观

（1）形成和保持对技术问题的敏感性和探究欲望，领略技术世界的奥秘与神奇，关注技术的新发展，具有对待技术的积极态度和正确使用技术的意识。

（2）养成安全文明地参加技术活动必须具备的严谨、负责、进取等品质，增强劳动观念，具有敬业意识。

（3）体验技术问题解决过程的艰辛与曲折，具有克服困难的勇气和决心，培养不怕困难、不屈不挠的意志，感受解决技术难题和获得劳动成果所带来的喜悦。

（4）认识技术的创造性特征，形成实事求是、精益求精的态度，培养敢于表现个性、勇于创新的个性品质。

课程安排如附表1所示。

附表 1　课程安排

		各水平的要求
知识性目标	低 ↓ 高	了解水平： 再认或回忆事实性知识；识别、辨认事实或证据；列举属于某一概念的例子；描述对象的基本特征等
		理解水平： 把握事物之间的内在逻辑联系；新旧知识之间能建立联系；进行解释、推断、区分、扩展；提供证据；收集、整理信息等
		迁移应用水平： 归纳、总结规律和原理；将学到的概念、原理和方法应用到新的问题情境中；建立不同情境中的合理联系等
技能性目标	低 ↓ 高	模仿水平： 在原型示范和他人指导下完成操作
		独立操作水平： 独立完成操作；在评价的基础上调整与改进；与已有技能建立联系等
		熟练操作水平： 根据需要评价、选择并熟练操作技术和工具
情感性目标	低 ↓ 高	经历（感受）水平： 从事并经历一项活动的全过程，获得感性认识
		反应（认同）水平： 在经历基础上获得并表达感受、态度和价值判断；做出相应的反应等
		领悟（内化）水平： 建立稳定的态度、一贯的行为习惯和个性化的价值观等

在课程实施过程中，知识与技能、过程与方法、情感态度与价值观等方面的目标是一个不可分割的整体，应注意融合与协调，努力实现三者的有机统一。

四、课程教学大纲

（1）机械零件图纸幅面与尺寸；图框格式与标题栏的画法；比例的选择；字体与图线的要求；尺寸标注的要求；投影法与正投影的基本规律；三视图的形成及投影规律；点线面的投影特性。

（2）尺寸与尺寸偏差；几何公差的概念及符号；公差带图及公差带。

（3）配合的基本概念；配合制度；配合的种类。

（4）机械游标卡尺的认知与使用方法；百分表的认知与使用方法；90°角尺的认知与使用方法；外径千分尺的认知与使用方法；内径千分尺的正确使用；万能角度尺的正确使用；半径规的正确使用；内沟槽卡尺的正确使用。

（5）长方体的测绘。

（6）圆柱体的测绘与制图；测量数据算术平均值；圆、圆弧及球面的尺寸注法；圆度及圆柱度公差。

（7）圆锥体的测绘与制图；圆锥的空间分析；圆锥的投影分析；锥度的表达方法；斜度的表达方法。

（8）球体的测绘与制图；球的空间分析；球的投影分析。

（9）截交线的概念及特征；圆柱截交线的形状及绘制；截交体视图的标注；表面粗糙度的定义、符号及标注；十字滑块联轴器的测绘。

（10）相贯线的概念及性质；两圆柱正交相贯线的绘制；相贯体视图的标注方法；三通管接头的测绘。

（11）剖视图的概念、分类、形成及画法；全剖视图的画法；半剖视图的画法；局部放大图的画法；整体式滑动轴承的测绘。

（12）齿轮轴的结构认知；轴类零件的视图表达方法；直齿圆柱齿轮测绘方法与规定画法；普通平键的标记和连接画法；断面图的概念及画法；齿轮轴的测绘。

（13）泵体的结构认知；孔间距的测量方法；局部剖视图的画法；齿轮泵体的测绘。

（14）内、外螺纹的简化画法；螺纹的标注方法；螺距规的正确使用；螺栓与螺母的测绘。

（15）面体的测绘；六柱鲁班锁的测绘与制图。

（16）箱座的结构认知；箱体上各结构的作用；铸造工艺结构；机械加工工艺结构；箱座的测绘。

五、课程教学内容

本课程教学内容如附表 2 所示。

附表 2　教学内容

项目名称	教学内容
项目一	长方体的测绘与制图
项目二	圆柱体的测绘与制图
项目三	圆锥体的测绘与制图
项目四	球体的测绘与制图
项目五	十字滑块联轴器的测绘与制图
项目六	三通管接头的测绘与制图
项目七	整体式滑动轴承的测绘与制图
项目八	齿轮轴的测绘与制图
项目九	泵体的测绘与制图
项目十	六角头螺栓与六角螺母的测绘与制图
项目十一	六柱鲁班锁的测绘与制图
项目十二 *	箱座的测绘与制图

注：带 * 为选修项目。

六、课程实施建议

1. 教学实施建议

（1）引导学生完整体验项目任务认知—分析—执行—总结的过程。

在教学中应让学生亲历由一系列环节组成的教学活动，密切结合学生的认知水平，激发学生对学习内容的兴趣，促使其主动、有效地参与全过程，以使学生获得比较完整的体验。在教学过程中，教师还要以引导者的身份创设一种开放、活跃、进取的学习氛围，真正使教学成为生动活泼、师生互动的过程，使全体学生在学习过程中都得到发展。

（2）重视"实践—认识—再实践—再认识"的学习指导。

在解决具体技术问题的过程中，要重视对学生进行技术思维和方法的学习指导，并把它贯穿在整个教学过程中。技术思维和方法的获得并非通过一次实践就能解决，而要经过"实践—认识—再实践—再认识"的多次循环。项目任务执行往往会遭遇失败，教师要指导学生分析失败的原因，鼓励学生树立克服困难的信心和不怕挫折的意志。

（3）倡导合作化的学习方式。

要针对不同的学习内容和学生差异，特别重视合作学习方式在技术教学中的应用，可以让学生分工协作组成模拟生产线来完成任务。在合作学习过程中，要注意调动每个学生的主动性与积极性，注重分工的合理性和均衡性；发挥小组全体成员的作用，形成优势互补；激发每个小组团体成员的集体荣誉感，加强成员之间、小组之间的及时沟通和交流，培养人际交往和沟通能力，形成与他人协作、分享与共进的态度和团队精神。

（4）注重信息技术在教学中的使用。

要积极创设条件，利用信息化交互技术、数字化资源改变教和学的方式，降低学习技术的难度，提高学习技术的效率。

2. 教学场地建议

设置专用的"机械测绘与制图"课程教室，课程教室分为五块功能区域，分别是材料区、多媒体交互展示区、理实一体化教学区、讨论区和操作示范区，实现完整的"一体化"教学模式。

在教学区，设有三人共有的课桌，内部放置常用的机械拆装、测量工具，既是学习用的课桌，也是操作用的工作台。

在讨论区，设有六边形讨论桌，当学生在自主完成项目任务中遇到问题时，可以到讨论区进行小组间交流，也可以和教师进行单独交流。

在材料区，配有教学项目所需的常见的长方体、圆柱体、圆锥体、联轴器、轴承等机械零件及六柱鲁班锁、齿轮泵、二级减速器等，既能满足教学使用，也能满足学生自主提出的课题研究需求。

在示范区，配有标准的实验实训工作台，当项目较复杂时，教师可以在示范区进行操作示范，也可以对学生做的项目进行示范展示，同时示范区应有摄像同步上传装置，可以将教师的示范过程同步在多媒体交互展示区播放。学生工作台也可选择安装摄像同步上传装置，便于将学生小组的制作过程同步在多媒体交互展示区播放。专用教学场地如附图2所示。

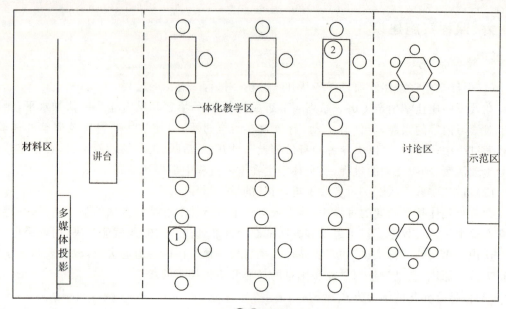

①② 一摄像头
附图2 专用教学场地

3.教学评价建议

对学生的课程学习既要有统一的、阶段性的评价,如某一项目教学结束之后的测试或对作品的评价,也要在学生的学习过程中根据具体情况予以日常性的随机评价。要善于捕捉评价的最佳时机,要关注学生在设计和制作关键环节中的表现,要关注学生在学习制作中的独特想法、取得的重要进展,并采取相应的评价措施。评价不仅要关注学生技术学习的结果,更要注重学生在技术活动过程中的收获和对技术思想、方法的理解及体验,应把学生在技术学习过程中的参与程度、参与水平和情感态度等作为评价的重要指标,要通过有针对性的评价改善教师的教学,使所有学生在原有基础上都得到发展。

可以设计"过程+终端"的考核方式(见附图3),过程考核按每个教学项目的完成情况计分。终端考核为"理论+技能"考核,基础理论考核占30%,基本技能考核占70%。基础理论考核以每个项目的思考练习题为主,基本技能考核在所学项目中随机抽取进行考核,最后得出课程的学习考核结果。

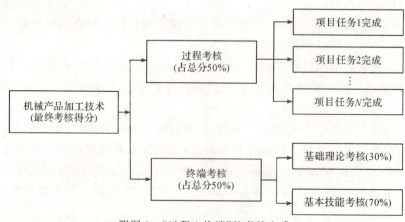

附图3 "过程+终端"的考核方式